Manfred Brunner

Elektronik ist anders

Ein Leitfaden für Unternehmer, Qualitätsmanager, Produkt- und Projektmanager mit wenig oder keinem Elektronikwissen zur erfolgreichen Entwicklung, Fertigung und Markteinführung von Produkten mit eingebetteter Elektronik und Software!

Impressum

Herstellung und Verlag:
Books on Demand GmbH, Norderstedt
ISBN 978-3-8391-7093-9

Autor:
Dipl.-HTL-Ing. Manfred Brunner ABM
© 2010 Dipl.-HTL-Ing. Manfred Brunner
www.electronic-consulting.at

Idee Grafik und Design:
Silvia Brunner

Alle Rechte vorbehalten!

Entschuldigung

Ich bin Techniker. Meine Stärken liegen in der Entwicklung technischer Systeme und im Management von technischen Organisationen. Absolut nicht zu meinen Stärken gehören Sprachen. Deutsch und Englisch waren schon in meiner Ausbildungszeit eher Stolpersteine als gemähte Wiesen. Ja, und dann schreibt man unter diesen Voraussetzungen ein Buch. Dieses Buch wird dann wohl nichts literarisch Wertvolles bieten. Es dient eben nur dem Zweck technisches und methodisches Wissen zu vermitteln. Aus diesem Grunde bitte ich Sie, Rechtschreibfehler, umständlich stilistische Satzkonstruktionen und so weiter zu entschuldigen. Ich kann es einfach nicht besser!

Danke!

Besonderer Dank gilt den Unternehmen **ekey biometric systems GmbH und technosert electronic GmbH** für die Unterstützung bei der Ausarbeitung dieses Buches.

Danke

ekey biometric systems GmbH

Das im Jahr 2002 gegründete und in Linz (Oberösterreich) ansässige Technologieunternehmen **ekey biometric systems** ist heute Europas Nr. 1 bei biometrischen Zutrittslösungen mittels Fingerprint. ekey entwickelt, produziert und vermarktet biometrische Zugangs- und Zutrittslösungen weltweit. Spezialisiert hat sich das Unternehmen dabei auf Fingerprint. „**Ihr unverwechselbarer Finger ist der Schlüssel!**" ist der Leitspruch des Unternehmens. Gestohlene Schlüssel, Karten und vergessene Passwörter oder Codes gehören somit der Vergangenheit an - Verlust, Diebstahl oder Ausspähen sind unmöglich bzw. schwierig. Der Zutritt oder Zugriff per Fingerabdruck ist für Türen, Tore, Schlösser, PCs, Notebooks, Terminals, Netzwerke und selbst das Internet möglich.

Neben Banken, Elektro- und Eisenwarenhandel, Security- und IT-Unternehmen gehören auch Hersteller von Türen, Toren und Häusern zu den zufriedenen Kunden. Hochmotivierte Mitarbeiter, ständige Forschung und Weiterentwicklungen im Bereich Fingerscan und vor allem der Glaube an die Produkte sind Garanten für das gesunde Wachstum der Firma. Innerhalb kürzester Zeit avancierte ekey zum unumstrittenen Marktführer im Bereich Fingerscan-Lösungen in Österreich und Europa, und zählt auch weltweit zu den besten Anbietern.

www.ekey.net

Danke

technosert electronic GmbH

Die technosert electronic GmbH sieht sich ausschließlich als Dienstleister im Bereich „Embedded Electronic". Das in Wartberg ob der Aist (Oberösterreich) ansässige und 1988 gegründete Unternehmen hat keine Eigenprodukte! Für innovative Lösungen im Industriebereich ist technosert ein zuverlässiger Partner. Von der ersten Idee bis zur Serienreife des Produktes aus dem Bereich Forschung und Entwicklung, unterstützt das High-Tech-Unternehmen seine Partner und Kunden. Die technosert sorgt nach Abschluss der Entwicklung auch für die Serienproduktion von elektronischen Baugruppen und betreut die im Auftrag produzierten Geräte und Module auch im Feldeinsatz. Die enge Zusammenarbeit mit den Auftraggebern ermöglicht die optimale Umsetzung von neuesten Erkenntnissen mittels technischer Innovationen. So sichert technosert hochwertige Lösungsmöglichkeiten für eine erfolgreiche, zukunftsweisende Partnerschaft. Ein klares Qualitätsmanagement ist die Basis hochwertiger Arbeit und bildet die Voraussetzung exzellenter Ergebnisse. Zahlreiche Auszeichnungen und Zertifizierungen bezeugen den hohen Qualitätsstandard. Zuletzt wurde die technosert electronic GmbH mit dem „BEST EMS AWARD" (Europameister) für ihre präzise Dienstleistung ausgezeichnet. technosert ist von Quality Austria und IQNet nach den Normen ISO 9001 und ISO14001 zertifiziert und vom TÜV Österreich nach der Norm ATEX3002 Q geprüft.

www.technosert.com

Zweck des Buches

Zweck dieses Buches

Sie sind **Unternehmer, Produktmanager, Projektmanager, Qualitätsmanager** oder **Abteilungsleiter** und haben sich im Zuge Ihrer Tätigkeit noch nie mit Elektronik, Automatisierung und/oder Software beschäftigen müssen. Ihre Produkte sind bis heute nicht mit Elektronik ausgestattet worden. Jetzt werden Sie damit konfrontiert. Sie müssen Ihr Produkt „elektronifizieren". Dieses Buch wird Ihnen bei dieser neuen Herausforderung helfen!

Sie sind **Schreiner, Schlosser, Maschinenbauer, Elektriker, Schmied, Gerätebauer, Fertighaushersteller** usw. Sie möchten Ihren Produkten mehr an Funktion verleihen. Sie möchten Ihren Kunden mit Ihren Produkten funktionalen Mehrwert bieten, um sich von der Konkurrenz abzuheben. Greifen Sie dabei auf eine elektronische Lösung, dann lesen Sie dieses Buch. Es wird Ihnen helfen strukturiert vorzugehen!

Sie sind **Schulabgänger** aus einer **berufsbildenden Schule** der Fachbereiche **Softwareengineering, Elektronik, Nachrichtentechnik** oder **Automatisierungstechnik**. Schulausbildungen gehen üblicherweise auf die Problemfelder im Projektmanagement, Marktgegebenheiten, KVP-Prozesse, passende Betriebsorganisation usw. nicht ausreichend ein. Mit dem Inhalt dieses Buches werden Sie beim Start und im Laufe Ihrer beruflichen Karriere viele Irrwege im Umgang mit elektronischen Systemen vermeiden können.

Sie haben einfach **eine Produktidee** die mit der Technologie „Elektronik" realisiert werden soll. Sie haben aber kein Wissen über Elektronik. Lesen Sie

Zweck des Buches

dieses Buch. Sie werden erfahren, wie aus Ihrer Idee ein reales, erfolgreiches, elektronisches Produkt wird.

Alle oben genannten „Unternehmer" die sich in das Abenteuer „Elektronik" stürzen, bewegen sich damit im Umfeld von elektronischen, informationstechnischen und nachrichtentechnischen Entwicklungsprojekten, welche üblicherweise einen hohen Komplexitätsgrad aufweisen und aus diesem Grund ein nicht unerhebliches Risiko des Scheiterns mit sich bringen. Eine klare und strukturierte Vorgehensweise von der Angebotseinholung, über die Beauftragung bei Ihren Partnern, bis zur Lieferung Ihrer neuen Produkte an Ihre Kunden und darüber hinaus, ist dabei unumgänglich, um den gewünschten Produkterfolg zu erreichen. Ich zeige Ihnen in diesem Buch wie Sie Ihr technisches Produkt zur Entwicklung vorbereiten, zielgerichtet und zeitgerecht die Entwicklung des Produktes fertigstellen und es professionell in den Markt bringen. Dabei sehen wir uns an:

- Wie Sie Ihre Produktidee beschreiben und ein Lastenheft formulieren
- Wie sie den richtigen Elektronikpartner zur Entwicklung und Fertigung der Elektronik finden
- Wie Sie die Entwicklung bei Ihrem Elektronik-Spezialisten (Entwickler) begleiten
- Wie sie ein für die Verarbeitung und Montage von elektronischen Baugruppen passendes Umfeld in Ihrem Unternehmen aufbauen
- Wie Sie die Serienproduktion bei Ihrem Fachpartner begleiten
- Wie Sie das Produkt im Markt einführen und managen
- Wie sie durch Analyse von Feldausfällen Ihr Produkt stabilisieren und verbessern
- Wie der Elektronik- Bauteilemarkt tickt und welche Unwegbarkeiten Sie dort erwarten

Zweck des Buches

- Welche menschlichen Hürden Sie bei der Einführung des neuen Wissensbereiches „Elektronik" in Ihr Unternehmen erwarten

Die Informationen in diesem Buch sollen Sie als „Laien" bei der Neuentwicklung und Markteinführung von elektronischen Geräten und Systemen unterstützen.

Also viel Spaß beim Lesen und viel Erfolg mit Ihren neuen elektronischen Produkten!

Autor

Meine Kompetenz als Autor

Dipl.-HTL-Ing. Manfred Brunner
Akademischer Business Manager
Allgemein beeideter und gerichtlich zertifizierter
Sachverständiger

Mein Name ist **Manfred Brunner**. Ich bin 40 Jahre alt und beschäftige mich seit über 20 Jahren mit Auftragsprojekten in der Entwicklung und Fertigung von elektronischen Systemen und Kleingeräten.

Nach Abschluss meiner Ausbildung in der Höheren Technischen Bundeslehranstalt für elektrische Nachrichtentechnik und Elektronik in Leonding, habe ich meine berufliche Erfahrungssammlung bei der Fa. technosert electronic GmbH 1989 gestartet. Bis 1997 war ich dort Entwicklungsingenieur und ab 1997 bis 2006 Leiter der Abteilung Forschung & Entwicklung. Technosert ist Dienstleister in der Elektronikbranche und befasst sich, neben der Serienproduktion von elektronischen Baugruppen, im Forschungs- und Entwicklungsbereich ausschließlich mit auftragsbezogenen Projekten.

Im Jahr 2003 schloss ich den 4-semestrigen Lehrgang universitären Charakters "Akademischer Business Manager" der Universität Klagenfurt ab, dessen Lehrinhalt sich in erster Linie der modernen Betriebs- und Unternehmensorganisation widmet.

Meine Eintragung in die Liste der allgemein beeideten und gerichtlich zertifizierten Sachverständigen im Jahr 2003 führte mich schließlich in die

Autor

Selbständigkeit. 2007 begann ich meine freiberufliche Tätigkeit, deren wesentlicher Aufgabeninhalt die Sachverständigentätigkeit und Produkt- und Projektmanagementthemen im Bereich der Entwicklung elektronischer Systeme ist. Nach wie vor ist Projektmanagement in Auftragsprojekten elektronischer Systeme meine Kernkompetenz und mein Kerngeschäft.

Meine Vision

Elektronischen Produkten eilt noch immer der Ruf voraus fehleranfällig zu sein, keine Serienstabilität zu besitzen und ständig Probleme zu machen. Ich höre immer wieder mal von Freunden und Bekannten, dass z.B. an Ihrem Auto etwas nicht funktionierte und dann in der Werkstatt die Elektronik getauscht wurde. Dabei kommt es aber nicht selten vor, dass der Fehler danach gar nicht behoben ist. Man schiebt in vielen Bereichen Fehler der Elektronik zu, obwohl diese richtig funktioniert. Es herrschst die Grundeinstellung: „Zuerst die Elektronik, die ist am ehesten defekt!". Meine Vision ist es, diese Grundeinstellung der Menschen zu ändern. Ich bin überzeugt, dass mit einer strukturierten und der Komplexität des Produktes angepassten Vorgehensweise von der Elektronikentwicklung, über die Serienfertigung bis zur Bearbeitung der Feldrückläufer Vertrauen in die technische Lösung vom Entwickler, über den Händler bis zum Endkunden geschaffen werden kann und sich damit die „negative" Grundeinstellung langfristig ändern wird.

Meine Mission

Ich hab während meiner beruflichen Tätigkeit viele Erfahrungen in der Zusammenarbeit mit unterschiedlichsten Unternehmen gemacht. Im Hinblick auf den Fachbereich Elektronik waren Profis genau so dabei, wie absolute Laien.

Autor

Elektronische Systeme und auch Softwarelösungen haben einen hohen Komplexitätsgrad. Aus diesem Grund ist es unabdinglich auch die organisatorischen Abläufe und Prozesse vom Entwicklungsstadium bis zum Status der Serienlieferung des elektronischen Produktes anzupassen. Ich möchte gerade denjenigen Unternehmen mein Wissen und meine Erfahrung im Umgang mit elektronischen Systemen anbieten, für die dieses Thema neu ist, bzw. die schon schmerzliche Erfahrungen gemacht haben. Ich helfe speziell im Bezug auf Elektronik unerfahrenen Unternehmern (Laien), Produkt-, Projekt- und Qualitätsmanagern mit Elektronik und Software am Markt erfolgreich zu agieren!

Dipl.-HTL-Ing. Manfred Brunner ABM

Inhalt

Inhalt

Inhaltsverzeichnis

1. EINFÜHRUNG IN DAS THEMA 17

1.1. ALLGEMEINES 18
1.2. ELEKTRONIK IST ANDERS 21
1.3. WICHTIGE BEGRIFFE – UNBEDINGT DURCHLESEN! 24
1.4. ELEKTRONIK IN IHR PRODUKT - BETRACHTUNGSFELDER 29

2. DIE ENTWICKLUNG EINES ELEKTRONISCHEN PRODUKTES 33

2.1. SCHRITTE DER PRODUKTENTWICKLUNG 34
2.2. IHRE (PRODUKT)-IDEE 36
2.3. PRODUKTVISION- DAS TECHNISCHE KONZEPT 38
2.4. DAS LASTENHEFT 43
2.5. DIE REALISIERUNGSENTSCHEIDUNG 52
2.6. DAS ANGEBOT VOM ELEKTRONIK-ENTWICKLER UND/ODER FERTIGER ... 56
2.7. DIE ANGEBOTSBEWERTUNG 58
2.8. DER AUFTRAG 59
2.8.1 URHEBERRECHT – NUTZUNGSRECHT (ÖSTERREICH) 60
2.8.2 DATENBESITZ 61
2.8.3 WÄHRUNGSRISIKEN 63
2.8.4 HINWEISE ZUR SERIENPRODUKTION 63
2.8.5 ÜBERMENGEN 65
2.8.6 FELDTEST UND FELDTAUGLICHKEIT 65
2.8.7 KONFORMITÄT DES SYSTEMS – KONFORMITÄTSERKLÄRUNG 67
2.8.8 ABSCHLUSS 68
2.9. DER ZEITPLAN 69
2.9.1 ABSCHÄTZEN DES AUFWANDES 70
2.9.2 DAS STUDENTENSYNDROM 72
2.9.3 BAD MULTITASKING 73
2.9.4 PUFFERZEITEN 76
2.9.5 FUNKTIONSINFLATION 76
2.9.6 PROJEKTINFLATION 78

Inhalt

2.9.7	FAZIT	79
2.10.	DIE ENTWICKLUNG IHRER ELEKTRONIK BEIM PARTNER	80
2.11.	DER ERSTE PROTOTYP	82
2.12.	DIE TESTPHASE DES PROTOTYPEN	83
2.12.1	FUNKTIONALE PRÜFUNGEN IM LABOR	84
2.12.2	UMWELTPRÜFUNGEN	93
2.12.3	ELEKTROMAGNETISCHE VERTRÄGLICHKEIT	97
2.12.4	SONSTIGE PRÜFUNGEN	102
2.12.5	FELDTEST	103
2.12.6	KOMMUNIKATION MIT DEM PARTNER (ENTWICKLER) WÄHREND DER TESTS	105
2.12.7	ABSCHLUSS DER TESTPHASE	106
2.13.	DIE ABSCHLIEßENDE FREIGABE UND START DER SERIENFERTIGUNG	106
3.	**DIE SERIENPRODUKTION**	**109**
3.1.	ALLGEMEINES ZUR SERIENPRODUKTION VON ELEKTRONIK	110
3.2.	DER FERTIGUNGSPROZESS EINER ELEKTRONISCHEN BAUGRUPPE	113
3.3.	TEST DER BAUGRUPPEN (ENDKONTROLLE BEIM FERTIGER)	119
3.3.1	FERTIGUNGSTEST	119
3.3.2	TESTSTRATEGIE	125
3.4.	KENNZEICHNUNG DER BAUGRUPPEN - RÜCKVERFOLGBARKEIT	126
3.5.	VERSIONSVERWALTUNG	129
3.6.	FEEDBACKSCHLEIFEN ZUR QUALITÄTSSTEIGERUNG VON SERIENPRODUKTEN	132
3.6.1	ALLGEMEINES	132
3.6.2	STRATEGIE DER MARKTEINFÜHRUNG	133
3.6.3	WARENEINGANGSKONTROLLE	136
3.6.4	PRODUKTIONSDATEN - RÜCKVERFOLGBARKEIT (= TRACEABILITY)	140
3.6.5	FELDRÜCKLAUF	143
3.7.	NUN WISSEN SIE ALLES	147
4.	**SCHAFFEN EINES ELEKTRONIK- TAUGLICHEN PRODUKTIONSUMFELDES IN IHREM UNTERNEHMEN**	**149**
4.1.	ALLGEMEINES	150

Inhalt

4.2.	ESD-SCHUTZ	152
4.2.1	INTERNE SCHUTZMAßNAHMEN	154
4.2.2	EXTERNE ESD - SCHUTZMAßNAHMEN	155
4.2.3	ORGANISATORISCHE ESD - SCHUTZMAßNAHMEN	157
4.3.	HANTIEREN MIT ELEKTRONIK	166
4.3.1	ELEKTRONIK ANFASSEN - HANDHABUNG	166
4.3.2	LAGERUNG VON ELEKTRONISCHEN SYSTEMEN	169
4.4.	DIE GEFAHREN DES ELEKTRISCHEN STROMES	170
4.5.	ABSCHLUSS	175

5. DER ELEKTRONIK – BAUTEILEMARKT ... 177

5.1.	ALLGEMEINES	178
5.2.	WELTWEITE LOGISTIK	179
5.3.	DIE SCHNELLLEBIGKEIT DES MARKTES	180
5.4.	DISTRIBUTIONSKANÄLE	180
5.4.1	PROJEKTSCHUTZ	181
5.4.2	RAHMENVERTRÄGE	182
5.4.3	VERPACKUNGSEINHEITEN	183
5.4.4	BROKERWAREN	184
5.5.	SIE ALS KLEINER FISCH IM HAIFISCHBECKEN	186
5.6.	ABKÜNDIGUNG VON BAUELEMENTEN UND ERSATZTYPEN	188
5.7.	NEUE TECHNOLOGIEN	190
5.8.	FEHLERHAFT GELIEFERTE BAUELEMENTE	191
5.9.	ABSCHLUSS	195

6. CHANGE-VERÄNDERUNGEN IM UNTERNEHMEN ... 197

6.1.	EINLEITUNG	198
6.2.	GRUNDLAGEN DES CHANGE-MANAGEMENTS	198
6.3.	DIE 2-6-2 REGEL	200
6.4.	DIE EINFÜHRUNG VON ELEKTRONIK – UMFANG DER VERÄNDERUNG	201
6.5.	ELEMENTE FÜR EIN ERFOLGREICHES CHANGE-PROJEKT	202
6.5.1	KLAR DEFINIERTE ZIELE UND GENAU DEFINIERTER ZEITRAHMEN	202

Inhalt

6.5.2 DEFINIERTE KRITERIEN DER ERFOLGSMESSUNG 204
6.5.3 STRATEGIE DES VERÄNDERUNGSPROZESSES 204
6.5.4 FESTE UND EINDEUTIGE ROLLENDEFINITIONEN 206
6.5.5 KLAR DEFINIERTE ENTSCHEIDUNGSSTRUKTUREN 206
6.5.6 MULTIPLIKATOREN UND MENTOREN 206
6.5.7 ARBEIT ÜBER TEILPROJEKTE 207
6.5.8 INFORMATIONSMANAGEMENT 207
6.5.9 FEEDBACKKULTUR 208
6.5.10 COACHING 208
6.6. VERLAUF EINES CHANGE-PROJEKTES 209
6.7. HÜRDEN IM CHANGE-PROZESS 210

7. ABSCHLUSS 213

8. BEGRIFFE UND ABKÜRZUNGEN 217

9. LITERATURLISTE 229

1. Einführung in das Thema

1 Einführung in das Thema

1.1. Allgemeines

Seit den späten 70er Jahren ist die Elektronik-Branche eine der wachstumsstärksten Wirtschaftsbereiche und sie wird auch in Zukunft enorme Wachstumspotentiale bieten. Was mit der Erfindung des Transistors begann und lange als eine Technologie galt, die nur für spezielle Anwendungen im Hochtechnologiebereich Einsatz finden wird, ist heute aus unserem Alltag nicht mehr wegzudenken. Mobiltelefone, Computer, Telefon, Fernseher, Radio, Heizung, Küchengeräte, Gartengeräte und vieles mehr, ist mit Elektronik ausgestattet. Die Miniaturisierung bei gleichzeitiger Kostenminimierung führt dazu, dass weiter viele neue Produkte entwickelt, oder bestehende mit Elektronik und Software ausgestattet werden. Beispielsweise

- hält derzeit die Elektronik Einzug in Haustüren (elektronische Motorschlösser, Fingerprintsensoren,...)
- Rasenmäher machen sich „selbständig", indem Sie mit Hilfe elektronischer Systeme automatisch und ohne Zutun des Gartenbesitzers den Rasen mähen
- Jalousien werden elektronisch gesteuert.
- Bettdecken und Matratzen werden intelligent und messen unsere Vitalfunktionen während wir schlafen
- Möbel werden mit Elektronik ausgestattet um sich z.B. automatisch elektrisch zu öffnen
- Man denkt darüber nach Kleidungsstücke mit elektronischen Kommunikationsmitteln, MP3-Playern usw. auszustatten
- Fertigungsstätten, Lagerbereiche, werden zunehmend automatisiert. Dies passiert wieder mit Hilfe von Sondermaschinen oder

1 Einführung in das Thema

Automatisierungslösungen auf Basis von Standardkomponenten, welche aber speziell entwickelt bzw. konstruiert werden müssen.
- uvm.

Diese Entwicklung wird weiter gehen und viele neue Ideen werden durch die Möglichkeiten von Elektronik und Software in den nächsten Jahren und Jahrzenten geboren werden und Produkte selbst, sowie deren Entwicklungs- und Fertigungsprozess revolutionieren. Viele Produkte, die heute noch ohne Elektronik auskommen, werden in Zukunft sich eben die Vorteile dieser Technologie nutzbar machen und elektronische Systeme eingebaut haben, um dem Produkt neue und/oder verbesserte Eigenschaften hinzuzufügen.

Vielleicht haben auch Sie eine Produktidee und möchten diese Realität werden lassen, oder Ihre Vorgesetzten haben Sie beauftragt Produkte mit neuen Eigenschaften und Funktionen, getragen durch elektronische Systeme zu konstruieren bzw. zu entwickeln und in den Markt zu bringen.

Haben Sie dabei mit den Fachbereichen Elektronikhardware, Software und Automatisierung noch nie Kontakt oder nur wenig Wissen darüber, müssen Sie sich entsprechender Partner bedienen.

Immer mehr Unternehmer bzw. Produkt- und Projektmanager müssen sich mit dem fremden Fachwissen „Elektronik" vertraut machen und/oder dieses Fachwissen zukaufen!

Bereits jetzt, aber vermehrt noch in Zukunft, wird die Notwendigkeit für Unternehmen, dieses Wissen über Elektronik zuzukaufen bzw. aufzubauen, weiter zunehmen. Um welches Wissen handelt es sich dabei aber detailliert? Es muss ja nicht sein, dass jeder Schaltungsentwicklung und das Erstellen

1 Einführung in das Thema

von Leiterplattendesigns beherrscht und selbst elektronische Systeme entwickeln, fertigen oder reparieren kann.

Nein! Es geht darum, dass elektronische Systeme während der Entwicklung, der Fertigung, dem Einbau ins Zielsystem und der Markteinführung auf Grund Ihrer technischen Ausführung, Eigenschaften und Struktur anders behandelt werden müssen als herkömmliche Produkte.

Dieses Wissen über die Handhabung von Elektronik und die dafür notwendige Organisation des Umfeldes müssen Sie im Unternehmen aufbauen, um erfolgreich mit elektronischen Produkten am Markt agieren zu können.

1 Einführung in das Thema

1.2. Elektronik ist anders

Elektronische Systeme und auch reine Softwarelösungen sind hochkomplex und deshalb auch entsprechend anfällig gegen jegliche Art von Umwelteinflüssen. Einflüsse wie Temperatur, Feuchtigkeit, mechanische Belastungen liegen klar auf der Hand und sind für jedermann verständlich. Spricht man dann aber von Einflüssen durch elektrostatische Entladungen und elektromagnetische Felder, so wird dies für „Elektronik- und Elektrotechniklaien" schwer begreifbar. Letztlich ist aber der größte Einfluss hinsichtlich der Zuverlässigkeit von elektronischen Systemen durch den Faktor Mensch bestimmt. Seine Art mit elektronischen Produkten in jeder Phase des Produktlebenszyklus umzugehen, bestimmt deren Zuverlässigkeit. Je komplexer das System (das Produkt) ist, desto höher ist die Wahrscheinlichkeit, dass ein Umstand, welcher die Funktionsfähigkeit unter bestimmten Bedingungen negativ beeinflusst, übersehen wird und dieser Umstand auch im Feldbetrieb auftritt. Der Komplexitätsgrad von Elektronik ist hoch und die Fehlerquellen während der Entwicklung bis zur Serienproduktion sind mannigfaltig. Zum Erreichen einer brauchbaren Produktstabilität braucht es eine konsequente, klare und durchgängige Vorgehensweise von der Definition der Produktidee, über die Produktentwicklung, bis zur laufenden Serienproduktion und darüber hinaus. Damit elektronische Systeme im Feldbetrieb die geforderte Zuverlässigkeit erreichen, müssen Sie diese methodisch entwickeln, produzieren, liefern, montieren, betreiben und letztlich auch entsorgen. Sie müssen ein elektroniktaugliches Unternehmensumfeld aufbauen.

Dies ist aber nicht so einfach und es gibt auch wenig Literatur, um sich hier überhaupt einen Überblick zu verschaffen, welche notwendigen

1 Einführung in das Thema

Voraussetzungen Sie in der technischen Ausrüstung und der Unternehmensorganisation schaffen müssen. Sie werden sich also Partnern bedienen müssen, die Ihnen hier helfen und am nahe liegendsten ist es dann, auf diejenigen Fachleute zu hören, die Ihr elektronisches Produkt entwickeln und fertigen werden. Grundsätzlich wissen diese Elektronikentwickler und Fertiger bescheid, wie Sie ein elektroniktaugliches Umfeld auch in Ihrem Unternehmen aufbauen könnten. Trotzdem fließen selten die notwendigen Informationen. Es ist eben leider eine Tatsache, dass

- es im Markt nach wie vor Anbieter gibt, die sich nicht an Standards halten und damit als „Pfuscher" zu bezeichnen sind
- oft ungewollt und keinesfalls mit Absicht, die für Sie notwendigen Informationen von Ihren Lieferanten (Entwickler,..) einfach nicht an Sie geliefert werden. Es liegt nicht im Fokus Ihrer Partner **Ihr** Umfeld und **Ihre** Organisation zu ändern. Deshalb beschäftigen sich auch kaum Partner mit diesen Themen und überlassen Sie Ihrem Schicksal.
- oft die notwendigen Informationen nicht von den Kunden, also von Ihnen gehört werden. Ein elektroniktaugliches Umfeld aufzubauen kostet Zeit, Mühen und Geld. Man denkt, es geht auch ohne dieses. Allerdings kostet üblicherweise der Verzicht auf dieses Umfeld noch wesentlich mehr!

All diese Themen gefährden die erfolgreiche Einführung eines neuen elektronischen Produktes bzw. einer Produktvariation und damit Ihren Geschäftserfolg.

Zusätzlich ist es auch eine Tatsache, dass 30-50 % aller elektronischen und informationstechnischen Produktentwicklungen scheitern bzw. das Produktziel nicht erreichen. Produktentwicklungen sind normalerweise in Projekten organisiert. Ein Projekt ist ein Prozess von abgestimmten, definierten

1 Einführung in das Thema

Aufgaben mit klar dargestelltem Start und Ende. Für die zielgerichtete Abfolge der einzelnen Aufgaben im Projekt muss ein brauchbares Projektmanagement eingesetzt werden. Speziell bei diesem Projektmanagement werden aber viele Fehler gemacht.

Laut mehreren Studien an Unternehmen die Projektmanagement betreiben, nannte kaum ein Unternehmen die Kosten oder die technische Machbarkeit als Grund für das Scheitern von Projekten und Produktentwicklungen.

Wesentliche Fehler mit größter Tragweite in der Produktentwicklung sind

- unklare Anforderungen und Ziele
- fehlende Ressourcen bei Projektstart
- unzureichende Projektplanung
- fehlende bzw. unbrauchbare Feedbackschleifen

Es ist also sehr wichtig, dass man an hochkomplexe Produktenwicklungen strukturiert herangeht. Damit ist auf jeden Fall ein geordneter Ablauf des Entwicklungsprozesses unumgänglich, der sich im Wesentlichen an bekannte und erprobte Standards hält. Es ist zu jedem Zeitpunkt der Entwicklung Klarheit über die nächsten Schritte zu setzen und **allen** Projektbeteiligten muss das Ziel (der Leistungsumfang) des Projektes von Beginn an bekannt sein.

Neben diesem Prozesswissen sollte man aber auch den neuen Zuliefermarkt und dessen Eigenheiten kennen. Nicht alles was in dem verrückten Elektronik- und Elektronikbauteilemarkt als Standard und als üblich bezeichnet wird, werden Sie kennen und es wird Ihnen auch zu Beginn Ihrer Arbeit mit elektronischen Systemen nicht umgehend erzählt. Der Elektronikbauteilemarkt besitzt viele Eigenheiten, die in anderen Märkten nicht auftreten und unbekannt sind. Wissen Sie über diese Eigenheiten Bescheid,

1 Einführung in das Thema

können sie besser planen und werden damit Lieferengpässe und Qualitätsmängel vermeiden können.

Letztlich müssen Sie lernen mit elektronischen Komponenten und Systemen umzugehen, sie zu handhaben:
- Wie fasst man elektronische Baugruppen an?
- Wie lagert und transportiert man elektronische Produkte und Systeme?
- Was muss beim Wareneingang geprüft werden?

Stellvertretend für viele weitere, stehen diese Fragen, die sie sich stellen müssen, um in Ihrem Unternehmen ein Umfeld zu schaffen, dass eine hohe Produktqualität zulässt. Nur dann wird Ihre Produktidee zum Erfolg.

Es ist nicht alltäglich eine gute, erfolgsversprechende Produktidee zu haben. Vielleicht haben Sie eine solche Idee nur einmal im Leben. Lassen Sie diese Idee nicht durch einen schlecht organisierten Prozess der Umsetzung platzen!

1.3 Wichtige Begriffe – unbedingt durchlesen!

Bevor wir nun endgültig ins Thema einsteigen sind noch ein paar wenige Begriffe zu klären, die sie sich einprägen sollten. Das Buch wird damit leichter verständlich. Ich kann Ihnen das leider nicht ersparen. Man kann diese Begriffe schwer umschreiben. Es ist für sie auch von Vorteil, weil Sie, wenn Sie dann am Markt mit Partnern und Lieferanten sprechen, gleich die korrekten Fachausdrücke kennen.

1 Einführung in das Thema

Entwickler
Ist der „Konstrukteur" des elektronischen Produktes. Der Entwickler erarbeitet aus Ihrer Idee, aus Ihren Vorgaben das elektronische Produkt. Er entwickelt es.

(Elektronik-) Fertiger
Der Fertiger produziert die vom Entwickler erarbeitete, elektronische Baugruppe. Er vervielfältigt sie in einer Serienproduktion. Der Fertiger beherrscht die Prozesse der Serienproduktion, muss aber absolut kein Wissen über den funktionalen Umfang des Produktes haben.

Entwickler und Fertiger können auch ein Unternehmen sein!

Assemblierung (= Endfertigung)
Ist die Endfertigung eines Produktes. Es beschreibt den Zusammenbau von Produkteinzelteilen zu einem fertigen Produkt. Beispielsweise den Zusammenbau einer Kaffemaschine. Brühgruppe, Boiler, Mahlwerk und natürlich die elektronischen Baugruppen werden in ein Gehäuse eingebaut. Danach ist das Produkt fertig zur Verwendung.

Leiterplatte (auch „Leiterkarte" oder „Printplatte" genannt, manchmal auch kurz „Print")
Die Leiterplatte ist das Trägerelement für die elektronischen Bauteile. Die Bauteile werden über diese Leiterplatte mechanisch und elektrisch verbunden. In die Leiterplatte sind alle elektrischen Verbindungen eingearbeitet. Die Konstruktion und Entwicklung der Leiterplatten erfolgt bei Ihrem Elektronik-Entwickler üblicherweise mittels CAD (computer added

design). Auf die Leiterplattenherstellung spezialisierte Unternehmen fertigen, auf Basis der vom Entwickler übermittelten CAD-Daten, diese Leiterplatten. In Österreich ist die Fa. AT&S wohl der bekannteste Leiterplattenhersteller.

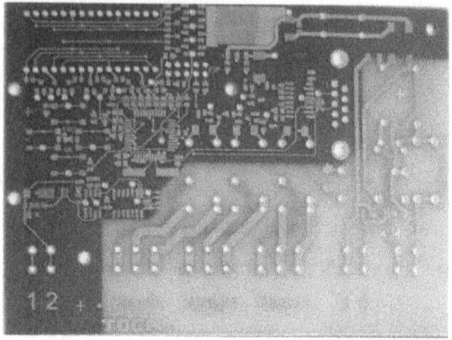

Bild 1: Leiterplatte der Steuereinheit; Produkt der ekey biometric systems GmbH

elektronische Bauelemente oder Bauteile

Elektronische Bauelemente definieren zusammen mit der Leiterplatte die eigentliche Funktion eines elektronischen Systems. Bauelemente oder Bauteile werden üblicherweise auf die Leiterplatte „bestückt". Das heißt, dass die Bauteile mit sogenannten „Bestückautomaten" oder auch per Hand auf die Leiterplatte platziert und dann über Lötprozesse getragen dauerhaft mit der Leiterplatte verbunden werden. Bauelemente sind beispielsweise Transistoren, Widerstände, Kondensatoren, Prozessoren, IC, Steckverbinder,....

1 Einführung in das Thema

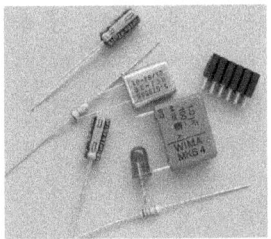

Bild 2: elektronische Bauelemente

Software

Software ist eine Liste oder eine Folge von Anweisungen, die ein elektronisches System abzuarbeiten hat, um die eigentliche Funktion auszuführen. Software ist nicht materiell. Die Anweisungslisten werden meist auf PC in entsprechenden Programmiersprachen erstellt, dann in die passende Sprache für die Elektronik übersetzt (mittels sogenannten „Compilern") und dann in den Speicherbausteinen der elektronischen Baugruppe zur Abarbeitung abgelegt.

```
<body id="main_body" onload="_shop_Doc_EventHandler.trigger('onload');">
<script type="text/javascript" language="javascript">
    function _shop_EventHandler() {
        function _shop_EventHandler_register(myevent, func) {
            if (!this.myevents[myevent]) this.myevents[myevent]= new Array();
            this.myevents[myevent][this.myevents[myevent].length]= func;
        }
        function _shop_EventHandler_trigger(myevent) {
            if (this.myevents[myevent]) for (var i in this.myevents[myevent])
        }
        this.myevents= new Object();
        this.register= _shop_EventHandler_register;
        this.trigger= _shop_EventHandler_trigger;
    }
    var _shop_Doc_EventHandler= new _shop_EventHandler();
</script><div id="container">
<div id="top_container"></div>
```

Bild 3: Software, Anweisungsliste

Elektronische Baugruppe

Als elektronische Baugruppe bezeichnet man die fertig bestückte elektronische Einheit. Das heißt, die elektronischen Bauelemente sind auf die

1 Einführung in das Thema

Leiterplatte bestückt und verlötet. Viele Baugruppen sind auch noch Träger von Software. Die Software wird dabei mittels eines Programmiervorganges in die Speicherbausteine der Baugruppe eingespielt. Das elektronische Baugruppen generell Software beinhalten ist nicht zwingend.

Bild 4: elektronische Baugruppen; Baugruppe „Fingerscanner" und Baugruppe „Steuereinheit"; ekey biometric systems GmbH

Hardware
ist im Prinzip die elektronische Baugruppe, allerdings ohne Software, also der materielle Teil eines elektronischen Systems.

Steckverbinder
Steckverbinder sind Bauelemente auf der Leiterplatte, die zur elektrischen Verbindung mit externen Systemen dienen. Beispielsweise die Energieversorgung (Strom) wird über Steckverbinder erfolgen.

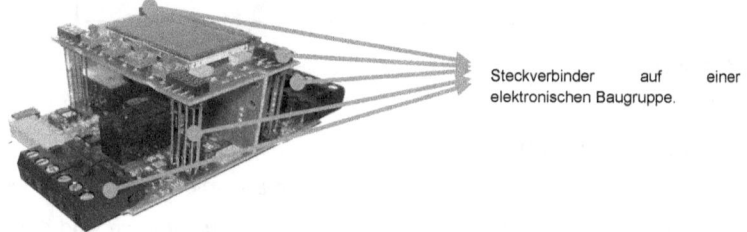

Steckverbinder auf einer elektronischen Baugruppe.

Bild 5: Steckverbinder der Steuereinheit; ekey biometric systems GmbH

1 Einführung in das Thema

elektronisches System
ist mit elektronischer Baugruppe gleichzusetzen, kann aber auch einen Verbund von Baugruppen darstellen.

Gerät
Ist das fertige Produkt, in dem die elektronische Baugruppe eingebaut ist. Ein Gerät ist beispielsweise eine Kaffemaschine. In dieser ist eine elektronische Baugruppe eingebaut. Ein Gerät ist also das fertige Produkt, welches alle Elemente zu einem verwendungsbestimmten Gebrauch enthält.

Bild 6: fertige Steuereinheit; Elektronik ist eingebaut ins Gehäuse = Gerät, ekey biometric systems GmbH

1.4. Elektronik in Ihr Produkt - Betrachtungsfelder

Um mit elektronischen Systemen erfolgreich zu arbeiten und qualitativ hochwertige Produkte in den Markt zu bringen, bedarf es, wie bereits erwähnt, der Betrachtung verschiedener Dimensionen des Realisierungs- und Produktionsprozesses.
Sie müssen also
- **den Realisierungsprozess** d.h. die Entwicklung bzw. Konstruktion des elektronischen Systems strukturieren

1 Einführung in das Thema

- **ein elektroniktaugliches Umfeld** für Elektronikhandling und Verarbeitung in Ihrem Unternehmen aufbauen
- **die Serienproduktion** und Einbau der Elektronik in Ihr Produkt, die Lieferung ins Feld und die Nachbetreuung an die neuen Herausforderungen anpassen.

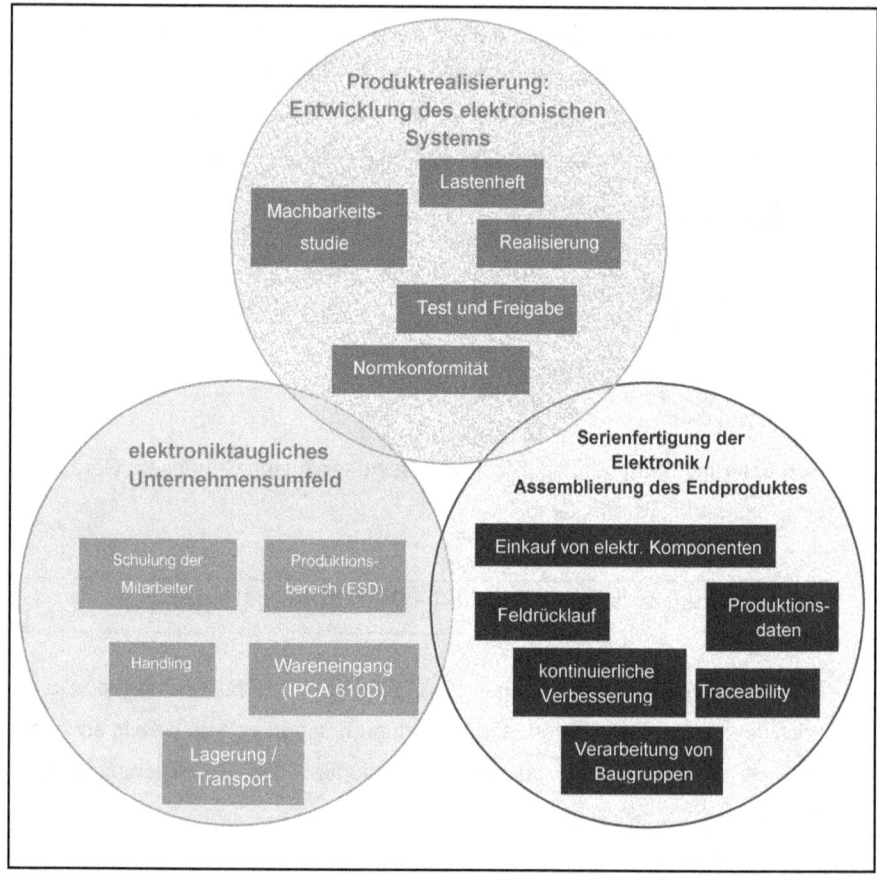

Bild 7: Betrachtungsfelder rund um elektronische Systeme

1 Einführung in das Thema

Schrittweise werden wir uns nun den einzelnen Bereichen nähern. Beginnen wir mit dem **Realisierungsprozess** und den Methoden, die zum Gelingen dieser Phase beitragen. Anschließend werden wir zur **Serienproduktion** und deren Problemstellungen kommen. Abschließend werde ich Ihnen dann zeigen, wie Sie ein **elektroniktaugliches Unternehmensumfeld** aufbauen, welche Werkzeuge und Einrichtungen Sie brauchen werden und welche Ausbildungen sich Ihre Mitarbeiter aneignen müssen.

Starten wir also mit dem Realisierungsprozess. Starten wir mit Ihrer Idee eines neuen Produktes, dessen Funktionalität durch Elektronik bestimmt sein wird!

2. DIE ENTWICKLUNG EINES ELEKTRONISCHEN PRODUKTES

2 Die Entwicklung eines elektr. Produktes

2.1. Schritte der Produktentwicklung

Der Realisierungsprozess eines elektronischen Produktes ist in einzelne Phasen gegliedert:

- Definition und Dokumentation der Produktidee - Erstellung techn. Konzepte
- Technische und kaufmännische Machbarkeitsprüfungen
- Erstellung des Lastenheftes
- Entwicklung - Zeitplanung
- Testphase
- Abschluss der Entwicklung – Release

Bild 8 zeigt die einzelnen Phasen des Realisierungsprozesses nochmals graphisch. Wir werden uns nun diesen Phasen widmen und schrittweise Ihre Produktidee zu einem fertigen elektronischen Produkt machen.

Definition:

Lieferanten von Entwicklungsleistungen und/oder Fertigungsdienstleistungen von elektronischen Baugruppen, werden im weiteren Text als **Partner** bezeichnet.

2 Die Entwicklung eines elektr. Produktes

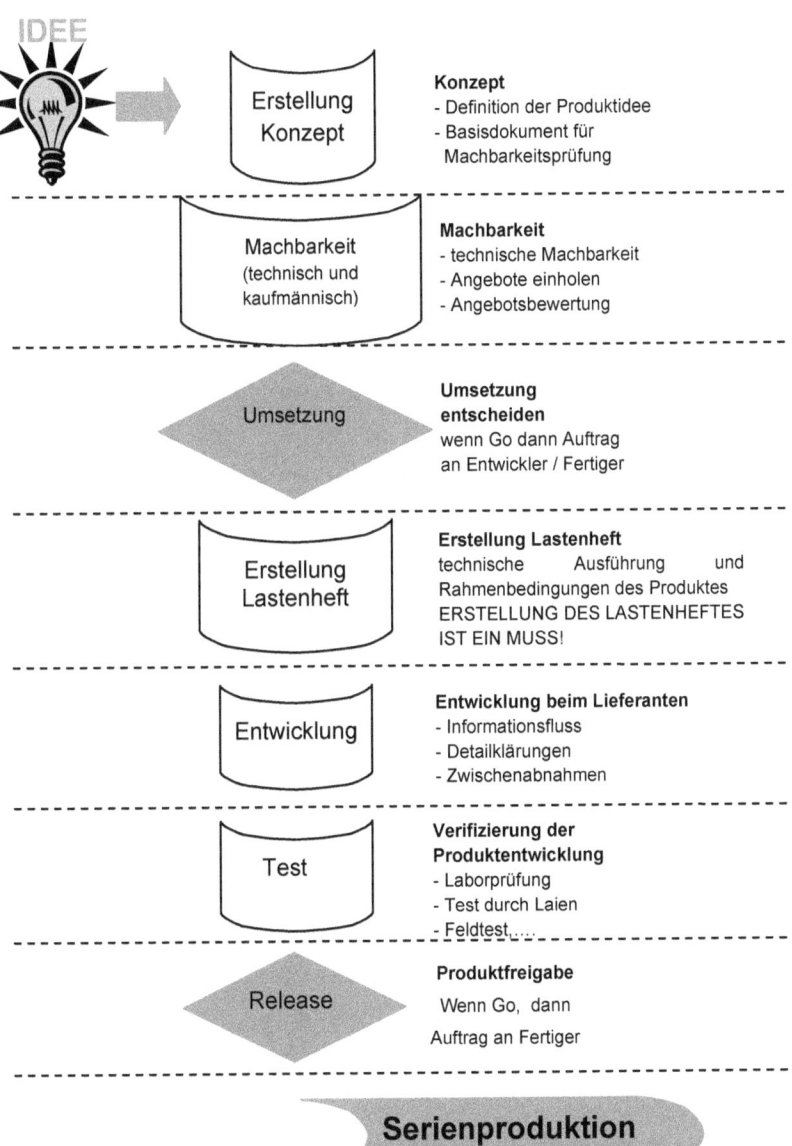

Bild 8: graphische Darstellung des Realisierungsprozesses eines elektronischen Systems

2 Die Entwicklung eines elektr. Produktes

2.2. Ihre (Produkt)-Idee

Definition: Als „Produkt" oder „Gerät" ist im weiteren Text ein fertiges, für den Gebrauch bestimmtes Hardwareprodukt samt elektronischem System und dazugehörender Softwarelösung zu verstehen, welches in Serie gefertigt werden soll.

Eine Idee für ein neues Produkt oder die Erweiterung der Funktionen eines Produktes, wird an vielen Stellen eines Unternehmens, aber im überwiegenden Maß im Markt von den Kunden und „Nichtkunden" geboren. Abgesehen davon, dass Produktideen in jedem Unternehmen ordentlich erfasst und verwaltet werden müssen (Vorschlagswesen, Ideenmanagement,...), muss die Idee auch ordentlich dokumentiert und ausgearbeitet werden, um am Ende zu einem erfolgreichen Produkt zu werden. Schon hier beginnt die strukturierte Vorgehensweise des Realisierungsprozesses von elektronischen Produkten.

Nehmen wir als Beispiel einmal an, Sie sind ein Hersteller von Wasserarmaturen und haben die Idee, dass Ihre Wasserzähler die täglich verbrauchte Wassermenge automatisch über eine drahtlose Datenverbindung in eine Zentrale melden. Sie haben als Hersteller der Wasserarmaturen noch nie Elektronik in Serie verbaut. Wie wollen Sie nun diese Idee mit wenig Risiko und zielgerichtet in eine verkaufbare Lösung umsetzen? Das ist keine triviale Aufgabe!

Die Idee ist ja jetzt mal nur in ihrem Kopf, nur sie wissen, was sie genau machen wollen und wie das gesamte System funktionieren soll. Sie wissen

2 Die Entwicklung eines elektr. Produktes

welche Daten Sie überhaupt in die Zentrale senden möchten und wie oft dies passieren soll. Sie kennen den üblichen Montageort von Wasserzählern, welchen Temperaturen diese ausgesetzt werden und welche Lebensdauer erwartet wird. All dieses Wissen haben Sie im Kopf. Damit Ihre Partner (Entwickler des elektronischen Systems) Sie bei der Umsetzung der Geschäftsidee unterstützen können, müssen diese auch genau wissen, was Sie von Ihrem Produkt erwarten. Nur dann können sie ein perfekt passendes Produkt entwickeln bzw. konstruieren. Aber auch Sie möchten, bevor Sie mit der Projektumsetzung starten, wissen, wie viel Ihnen die Entwicklung kosten wird. Sie möchten wissen, wie hoch die Kosten eines Serienteils sein wird und welche Mengen Sie abnehmen müssen. Kurz gesagt, Sie möchten Ihr kaufmännisches Risiko kennen. Was nützt es Ihnen, wenn Sie zu Beginn der Entwicklung einen Serienpreis von 10€ pro Stück genannt bekommen, und nach Abschluss der Entwicklung kostet die Elektronik für den Wasserzähler 20€ pro Stück. Sie werden dann Schwierigkeiten haben das Produkt zu verkaufen bzw. sinken Ihre Margen enorm.

Damit Ihnen aber so unliebsame Überraschungen, wie

- zeitliche Verzögerungen in der Entwicklung
- Ausreißen der Entwicklungskosten
- Ausreißen des kalkulierten Serienpreises
- Fehlentwicklungen oder fehlende Funktionen im fertigen Produkt

im Produktrealisierungsprozess nicht begegnen, ist es notwendig, dass Sie Ihre Produktidee klar formulieren. Sie sollten Ihre Idee mal zu Papier bringen und die Rahmenbedingungen und Anforderungen für das neue Produkt definieren. Dies macht man in einer „Produktvision" oder auch „technisches Konzept" genannt.

2 Die Entwicklung eines elektr. Produktes

2.3. Produktvision- das technische Konzept

Die Ausarbeitung der Produktvision ist wirklich sehr wichtig, um ein besseres Verständnis für seine eigene Idee zu erhalten. Die schriftliche Ausführung fördert einfach, dass man intensiver über seine Idee nachdenkt und damit die Idee oft noch weiter verfeinert. Weiters dokumentieren Sie damit von Beginn an den Realisierungsprozess sehr gut und können darauf aufbauend die nächsten Schritte setzen. Sie können Ihre Idee auch einfacher mit anderen Mitarbeitern oder Partnern diskutieren und anschließend auf Basis dieser Produktvision die Datensammlung zur Umsetzungsentscheidung starten.

Wie tief Sie hier in die Beschreibung des Produktes einsteigen, ist grundsätzlich Ihnen überlassen. Auf jeden Fall ist in der Produktvision

- der Zweck und die Zielgruppe des Produktes zu definieren.
- sind die Grundfunktionen des Produktes grob zu umschreiben
- sind unbedingt geforderte Technologien zu listen und eventuell näher zu beschreiben
- auf die notwendigen Normkonformitäten und Zertifizierungen einzugehen
- grob auf die Umweltbedingungen (Temperatur, Vibration, Heimanwendung, Industrieanwendung,...) einzugehen.
- auf Verwendungssicherheit und Gefahrenpotentiale hinzuweisen. Speziell wenn Sie ein Produkt entwickeln, konstruieren, planen, das bei fehlerhafter und/oder missbräuchlicher Verwendung zu Personenschaden führen kann.
- auf eventuelle weitere Rahmenbedingungen hinzuweisen. Wenn es beispielsweise für Ihr Produkt unerlässlich ist wartungsfrei zu sein, dann sollten Sie dies bereits hier definieren.

2 Die Entwicklung eines elektr. Produktes

Mit der Ausformulierung der Produktvision haben Sie einen ersten essentiellen Schritt zur erfolgreichen Realisierung Ihres Produktes gesetzt und Sie haben auch einen wichtigen Schritt zu hoher Produkt- und Prozessqualität, sowie zur Risikominimierung gemacht. Viele **Produktideen** scheitern bereits bei dieser ersten Aufgabe. Viele denken, es reicht, dass man seine Idee auch nur im Kopf hat und zukünftigen Partnern erzählt. Dies ist auf keinen Fall so, und auch sehr gefährlich und zwar aus folgenden Gründen:

- Es ist kaum möglich den Komplexitätsgrad eines elektronischen Systems ohne Schriftlichkeit zu transferieren. Man würde immer etwas übersehen oder vergessen. Gleichzeitig können Partner nicht alles erfassen. Schreiben Sie Ihre Idee nieder, beschäftigen Sie sich schon intensiver mit dem Thema. Automatisch werden Sie weitere Rahmenbedingungen, die Ihr Produkt beeinflussen, erkennen.

- Sie möchten von mehreren Partnern eine Kostenschätzung für Ihr Produkt und erzählen Ihr Produktvorhaben jedem einzeln. Sie werden dann nie die gleichen Worte verwenden. Somit kann es schon Differenzen bei der Auffassung von Funktionen und Eigenschaften geben. Jeder Partner erhält bei schriftlicher Ausführung Ihre Produktidee mit den gleichen Worten beschrieben. Der Raum für Missverständnisse wird automatisch kleiner.

- In Gesprächen über Ihre Idee kommt es sicherlich zu Fragestellungen, die von Partner zu Partner unterschiedlich verlaufen. So wird der eine z.B. intensiver über die Spannungsversorgung sprechen, der Andere aber über die Bedienung des Systems. Sie werden unterschiedliche Auffassungen und damit unterschiedliche Angebote erhalten, die unter Umständen nicht vergleichbar sind. Aktualisieren Sie aus dem Inhalt dieser Gespräche ständig Ihre Produktvision, haben Sie für alle Partner am Ende den gleichen Wissensstand.

Natürlich ist es berechtigt zu meinen, dass diese Problemfelder auch auftreten können, wenn man die Schriftlichkeit wählt. Das stimmt auch. Der Rahmen für Missverständnisse und Fehlinterpretationen ist nur viel, viel kleiner! Die Qualität steigt und das Risiko des Scheiterns im Realisierungsprozess sinkt massiv bei dieser Vorgehensweise.

Beschreiben Sie die Funktionen Ihres Produktes in der Produktvision rein aus Anwendersicht. Über die tiefe Technik, die dahinterstehen wird, brauchen Sie sich grundsätzlich noch keine Gedanken machen. Es sei denn, eine bestimmte, technologische Forderung ist unumgänglich, wie z.B.: Produkt benötigt eine Bluetooth-Schnittstelle.

2 Die Entwicklung eines elektr. Produktes

1 EINLEITUNG
1.1 ZWECK DES DOKUMENTS
1.2 GÜLTIGKEIT DES DOKUMENTS
1.3 BEGRIFFSBESTIMMUNGEN UND ABKÜRZUNGEN
1.4 ZUSAMMENHANG MIT ANDEREN DOKUMENTEN
1.5 HINWEISE ZUR NOTATION
1.5.1 TEXTFORMATIERUNGEN
1.5.2 SYMBOLE
1.6 ZUSAMMENARBEIT UND DOKUMENTATION IM PROJEKT
1.6.1 FEHLERBEHANDLUNG
1.6.2 INFORMATION
1.6.3 ENTSCHEIDUNGEN IM PROJEKT
1.6.4 ABLAGE / ÜBERMITTLUNG DER DOKUMENTE
1.7 LEISTUNGEN DES AUFTRAGGEBERS

2 TECHNISCHE BESCHREIBUNG DES SYSTEMS
2.1 ALLGEMEINE PRODUKTEIGENSCHAFTEN
2.1.1 EINSATZGEBIET
2.1.2 ZERTIFIZIERUNGEN / PRÜFUNGEN (CE, VDS,...)
2.1.3 VERPACKUNG
2.1.4 UMWELT
2.1.5 ENTSORGUNG
2.1.6 LEBENSDAUER
2.1.7 WARTUNG
2.1.8 BEDIENUNGSANLEITUNG / MONTAGEANLEITUNG
2.1.9 SCHULUNG
2.2 PRODUKT / SYSTEM - HARDWARE
2.2.1 ELEKTRISCHE SPEZIFIKATION
2.2.2 STECKVERBINDER / KABEL
2.2.3 MECH. SPEZIFIKATION
2.2.4 SCHUTZART
2.2.5 CONTROLLER
2.2.6 SCHNITTSTELLEN
2.2.7 HMI
2.2.8 STROMVERSORGUNG
2.2.9 SPEICHER
2.2.10 MONTAGE
2.2.11 PRODUKTKENNZEICHNUNG
2.3 PRODUKT / SYSTEM SOFTWARE
2.3.1 ALLGEMEINE DEFINITIONEN
2.3.2 FUNKTIONEN
2.3.3 REGELALGORITHMEN UND PARAMETER
2.3.4 SCHNITTSTELLEN
2.3.5 HMI
2.3.6 DATENBANK / SPEICHERMANAGEMENT
2.4 TEST UND FREIGABE

3 LITERATURHINWEISE

4 ANHANG

Bild 9: Beispiel Inhaltsverzeichnis einer Vorlage für die Produktvision für ein elektronisches System

2 Die Entwicklung eines elektr. Produktes

> Auf **www.electronic-consulting.at** finden Sie eine einfache **Lastenheftvorlage für MS Office 97**, die Sie auch als Basisdokument für Ihre Produktvision (Konzept) verwenden können.

Haben Sie Ihre Idee dann vollständig ausformuliert, ist der nächste Schritt zu klären, inwieweit Ihre Idee technisch realisierbar (technisch machbar) ist. Weiters werden Sie sich anschließend einen Überblick über die Kosten des Systems verschaffen und auch, ob Ihr Produkt mit diesen Kosten bzw. kaufmännischen Daten verkaufbar ist (kaufmännische Machbarkeit).

Sie werden für die Machbarkeitsprüfungen bereits auf externe Partner angewiesen sein, und da ist es sehr wichtig, dass Sie noch darüber nachdenken, ob Sie bereits mit der Produktvision die Daten der Machbarkeit erarbeiten, oder ob Sie im Vorfeld noch ein **Lastenheft** (siehe Kapitel 2.4) schreiben. Ein Lastenheft beschreibt genauer die Funktionen und Eigenschaften Ihres Produktes und ist viel detaillierter als die Produktvision. Dementsprechend benötigt die Ausarbeitung auch sehr viel mehr an Zeit.

Ist es bereits aus Ihrer Sicht fraglich, ob das Produkt technisch realisierbar ist, sollten Sie bereits mit der Produktvision die Prüfungsläufe der Machbarkeit starten. Sie können da ja mal vorfühlen und mit Ihrem Partner dann abwägen, wie Sie weiter detaillieren und wann ein Lastenheft zu schreiben ist. Sind sie sich bereits sicher, dass das Produkt realisierbar ist, sollten Sie sofort das Lastenheft schreiben und erst dann die Erhebung der kaufmännischen Daten starten.

2 Die Entwicklung eines elektr. Produktes

Beide Wege, mit oder ohne Lastenheft in die kaufmännische Prüfung zu gehen, sind in Ordnung. Sie müssen sich nur des erhöhten Risikos bewusst sein, wenn Sie kaufmännische Machbarkeitsstudien auf Basis einer noch eher oberflächlichen Produktvision und nicht auf Basis eines detaillierten Lastenheftes machen. Wobei ich gleich vorweg sagen muss, dass, sofern sie sich für den Weg nicht jetzt bereits ein Lastenheft zu schreiben entscheiden, später im Realisierungsprozess das Lastenheft unbedingt zu erstellen ist.

2.4 Das Lastenheft

Ein **Lastenheft** (auch Anforderungsspezifikation, Kundenspezifikation oder requirements specification genannt) beschreibt die Gesamtheit der Forderungen des Auftraggebers an die Lieferungen und Leistungen eines Auftragnehmers. Es baut auf die Produktvision (technisches Konzept) auf und spezifiziert detailliert und genau die Produktanforderungen.
Der wesentliche Unterschied zu einem **Pflichtenheft** besteht darin, dass das Lastenheft dem Auftraggeber, also Ihnen, „gehört". Es ist die eigentliche Leistungsdefinition, die Sie vom Produkt erwarten. Das Pflichtenheft gehört dem Auftragnehmer. Vergeben Sie den Entwicklungs- bzw. Konstruktionsauftrag, so erarbeitet Ihr Partner aus Ihrem Lastenheft ein Pflichtenheft. Ein Pflichtenheft beschreibt in konkreterer Form, wie der Partner die Anforderungen aus dem Lastenheft zu lösen gedenkt.
Ich beschreibe im folgenden Report die Erstellung des Lastenheftes. Bei kleinen Projekten kommt es auch oft vor, dass die Grenze Lastenheft / Pflichtenheft verschwimmt.

Wie bereits oben erwähnt ist es Ihre Entscheidung, wann Sie aus der Produktvision ein Lastenheft erarbeiten. Manche machen dies sofort nach der

2 Die Entwicklung eines elektr. Produktes

Fertigstellung der Produktvision (des technischen Konzeptes), andere erarbeiten aus dem technischen Konzept die Machbarkeitsstudien, indem Sie die Aufwände bewerten, Angebote einholen, die Umsetzungszeit abschätzen usw.

Es wäre zweifelsohne sinnvoll das Lastenheft zur Realisierungsentscheidung zur Verfügung zu haben, aber die Erstellung ist ein nicht unerheblicher Aufwand. Sie selbst müssen das Risiko abwägen:

Lastenheft vor der Realisierungsentscheidung: Es kann sein, dass Sie das Lastenheft umsonst ausgearbeitet haben, da sich in der Folge herausstellt, dass das Produkt zu teuer oder technisch nicht realisierbar ist. Damit ist die Arbeitszeit für die Erstellung des Lastenheftes unwiederbringlich verloren.

Lastenheft nach der Realisierungsentscheidung: Die Realisierungsentscheidung erfolgt dann auf Basis der Produktvision, welche natürlich noch nicht vollständig und detailliert das Produkt beschreibt. Da könnten sich nach der Entscheidung zur Umsetzung noch Änderungen ergeben bzw. treffen Sie die Entscheidung zur Umsetzung unter Umständen auf fehlerhaften und /oder nicht vollständigen Daten.

Eines ist aber unumstritten:

Die Erarbeitung eines Lastenheftes ist unumgänglich. Es muss erstellt werden, entweder vor oder nach der Realisierungsentscheidung!

Das Lastenheft ist das zentrale Dokument im Produktrealisierungsprozess. Auf dieses basierend bauen alle folgenden Dokumente im Projektprozess auf. Nehmen sie sich zur Erstellung des Lastenheftes wirklich Zeit. Betrachten Sie alle Facetten des Produktes, machen Sie Meetings / Brainstormings

2 Die Entwicklung eines elektr. Produktes

/Fragerunden mit Anwendern. Beziehen Sie Vertriebsmitarbeiter mit ein und auch die Fertigungsverantwortlichen sollten mitwirken. Hinterfragen sie jede auch noch so kleine Ungereimtheit und manchmal „unwichtig" erscheinende Eigenschaft des Produktes oder Rahmenbedingung.

Achten Sie bei der Ausarbeitung auf:

- **Marktanforderungen:** Dies sind die Ziele die Benutzer mit dem Produkt erreichen wollen, also der eigentliche Grund warum Sie dieses Produkt / Projekt erarbeiten.
- **Produktanforderungen:** Die Eigenschaften des Produktes, Rahmenbedingungen; Wie bedient der Benutzer? Welche Möglichkeiten der Verwendung hat er? inklusive nichtfunktionalen Anforderungen (Zertifizierungen, Umwelteinflüsse, gesetzliche Vorschriften, Qualitätsrichtlinien usw.)
- **Komponentenanforderungen:** Die Entwicklersicht, hier definieren Sie detailliert die technischen Details aus Sicht des Entwicklers / Konstrukteurs/Planers/Designers. (z.B. technische Daten, Maximum-Ratings, Abmessungen usw.)

Ziel des Lastenheftes ist, dass Sie selbst und Ihre (zukünftigen) Partner ein allumfassendes, gleiches Verständnis über den Leistungsumfang Ihres Produktes erhalten und damit unmissverständlich den Ziel und Zweck des Produktes erfassen. Ihr Partner kann dann seine Rolle als Entwickler zielgerichtet einsetzen.

Die Grafik im Bild 10 ist jedem bekannt, der sich schon irgendwann einmal mit Projektmanagement und Produktentwicklung befasst hat. Je später in einem Projekt bzw. in einer Produktentwicklung Korrekturen notwendig sind, desto

2 Die Entwicklung eines elektr. Produktes

höher sind die notwendigen Mittel, die Sie für diese Änderung aufwenden müssen.

Die Steigung dieser Kosten- Kurve ist exponentiell!

Übersehen Sie bei der Lastenhefterstellung eine Definition und dies führt zu einer Fehlinterpretation des Entwicklers, die später zu korrigieren ist und dies macht sich erst in der Testphase oder vielleicht sogar erst im Feld bemerkbar, so wird es teuer. Es gab schon Projekte, die dann an den Start zurück mussten. Bei der Entwicklung von elektronischen Systemen ist die Beachtung dieser Kostenkurve eklatant wichtig. Es ist nämlich durchaus anzunehmen, dass, je komplexer ein Produkt ist, desto stärker auch die Steigung der Kostenkurve bei Korrekturmaßnahmen ausfällt. Elektronische Systeme sind sehr komplex...

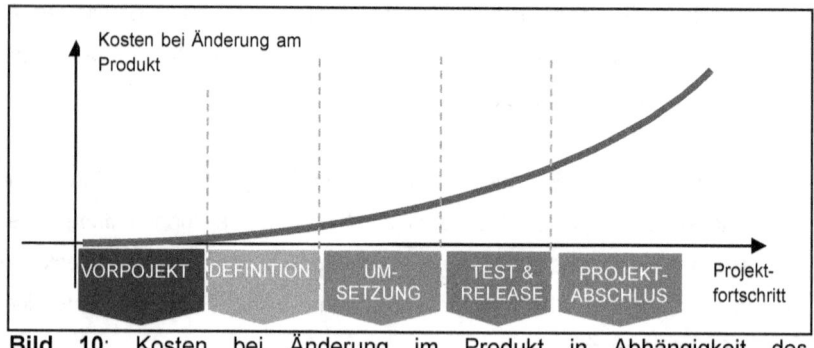

Bild 10: Kosten bei Änderung im Produkt in Abhängigkeit des Projektfortschritts

2 Die Entwicklung eines elektr. Produktes

Ich rate Ihnen wirklich eindringlich, genau aus diesem Grund der Kostenentwicklung bei Korrekturen, beim Lastenheft keine Kompromisse zu machen und es klar und unmissverständlich auszuarbeiten.

Nehmen Sie sich hier ein paar Stunden mehr Zeit. Lassen Sie es einmal öfter von Beteiligten lesen und überprüfen. Im Verhältnis zum Aufwand und den Kosten einer eventuell später notwendigen Korrektur kosten diese paar Stunden mehr an Arbeit nichts!

Was ist nun der Inhalt eines Lastenheftes? Ich habe Ihnen hier die wesentlichen Punkte einmal gelistet:

- **Beschreiben Sie im Lastenheft immer auch was das Produkt / die Leistung NICHT können wird.** Dies ist immens wichtig, um die Grenzen der Leistungsfähigkeit des Produktes zu kennen.
- Beschreiben Sie ausführlich die gewünschten Funktionen und Anwendungsfälle (Use Case) und definieren sie den Leistungsumfang. **Was muss das Produkt können? Warum muss es bestimmte Funktionen können?**
- Definieren Sie klar die Feldbedingungen. In welchem Umfeld wird das Produkt betrieben (Haushalt, Industrie,...), und mit welchen besonderen Belastungen ist zu rechnen. (Schock, Vibration, besondere chem. Belastungen,...)
- Definieren Sie die Funktionsgrenzen unmissverständlich (Temperaturgrenzen, Umwelteinflüsse, Energieverbrauch,.....)
- Denken Sie an alle Themen rund um das Produkt: z.B. Verpackung, Lagerung, Reinigung, Wartung usw. und definieren Sie einerseits diese Bedingungen für das Produkt, andererseits aber auch wer für die Bearbeitung und Ausarbeitung dieser Teile zuständig ist (Sie oder der Auftraggeber)

Elektronik ist anders

2 Die Entwicklung eines elektr. Produktes

- Definieren Sie eventuell gesetzliche Bestimmungen und beziehen Sie sich auch dabei auf Normen und Richtlinien. Versuchen Sie sich generell immer auf Normen und Richtlinien zu beziehen z.B. Umweltprüfung nach EN60068,...
- Großer Stellenwert ist dem Thema Sicherheit zu widmen. Speziell wenn Sie ein Produkt entwickeln, konstruieren, planen, welches bei fehlerhafter oder missbräuchlicher Verwendung zu Personenschaden führen kann.
- Definieren Sie die gewünschte Zuverlässigkeit und Ausfallsicherheit (z.B. lt. IPC A 610 D – siehe Kapitel 3.6.3)
- Definieren Sie, dass Ihre elektronische Baugruppe so entwickelt werden muss, dass sie bei jedem Elektronikfertiger produziert werden kann. Ein Beispiel: Nicht jeder Fertiger kann Flip Chips verarbeiten. Flip Chips sind Bauelemente, die mit einem speziellen Verfahren auf der Leiterplatte kontaktiert werden. Vermeiden Sie den Einsatz solcher Bauteile durch Ausschluss im Lastenheft, dann haben Sie später für die Serienproduktion ein größeres Spektrum von Anbietern zur Verfügung. Natürlich ist das nicht immer möglich. Manchmal kann man eben nur solche Bauteile einsetzen (z.B. Platzbedarf, Verfügbarkeit,...). Arbeiten Sie hier mit Ihrem Partner zusammen.
- Bauteileinsatz: definieren Sie die Kriterien des Bauteileinsatzes. Das ist sehr wichtig! In der Elektronikbranche werden Bauteile schnell abgekündigt. So kann es passieren, dass sie mit der Produktentwicklung fertig sind und ein Bauteil wird abgekündigt und ist dann nicht mehr lieferbar. Legen sei auch fest, dass vorzugsweise Bauteile eingesetzt werden müssen, die durch sogenannte Ersatztypen (auch von anderen Herstellern) ersetzt werden können (dies ist nicht immer möglich, speziell bei Mikroprozessoren usw.) Lesen Sie dazu auch Kapitel 5.6 nach.

2 Die Entwicklung eines elektr. Produktes

- Definieren Sie, wie und von wem das Produkt in welchem Umfang vor Feldfreigabe bzw. Serienproduktion zu testen ist.
- Definieren Sie, wann das Produkt als fertig getestet und damit als fertig entwickelt gilt, damit Sie Ihre gewünschte Produktqualität erreichen (sehr wichtig bei Baugruppen mit eingebetteter Software!)
- Definieren Sie, wie sie in der Produktrealisierung kommunizieren und dokumentieren
- Definieren Sie die Kennzeichnung der Baugruppen und die Rückverfolgbarkeit
- Ausfallquote: Versuchen Sie die maximal zulässige Ausfallquote bei Anlieferung an Sie und die Feldausfallquote zu definieren. Diese Quoten definieren, wie das Produkt in Serie zu testen ist (Sehen Sie dazu auch Kapitel 3.3.1), und davon abhängig sind konstruktive Maßnahmen notwendig. Das Produkt muss entsprechend testbar designt (konstruiert) werden.
- ....

> Auf www.electronic-consulting.at
> finden Sie eine Lastenheftvorlage für MS Office 97.
> **Vorlage_Lastenheft_2010.doc**

Ist das Lastenheft erstellt, gilt es als endgültige Definition des Leistungsumfanges Ihres Produktes. Es ist bei Auftragsvergabe, sofern es da schon fertig gestellt ist, als Vertragsbestandteil zu sehen und es ist absolut üblich und auch sehr sinnvoll, dass das Lastenheft bei oder nach Auftragsvergabe von beiden Vertragspartnern unterzeichnet wird, bevor mit der tatsächlichen Entwicklung und Konstruktion des Produktes gestartet wird.

2 Die Entwicklung eines elektr. Produktes

Das Lastenheft ist also ein wesentlicher Bestandteil der Auftragsdefinition und kann auch nicht einfach abgeändert werden. Natürlich sind Änderungen möglich, allerdings müssen diese Änderungen dokumentiert werden und schließlich müssen diese Änderungsprotokolle wieder von beiden Vertragspartnern unterzeichnet werden. Seien Sie hier wirklich konsequent und lassen Sie Produktänderungen im Zuge der Entwicklung ohne Dokumentation im Lastenheft oder als Lastenheftzusatz keinesfalls zu.

Beachten Sie auch, dass Änderungen im Lastenheft auch zu Änderungen im Aufwand der Umsetzung führen können. Es könnten sich die Kosten ändern. Bevor Sie also eine Änderung einpflegen, müssen Sie auch die Planung überarbeiten und eventuell den Auftrag korrigieren!

2 Die Entwicklung eines elektr. Produktes

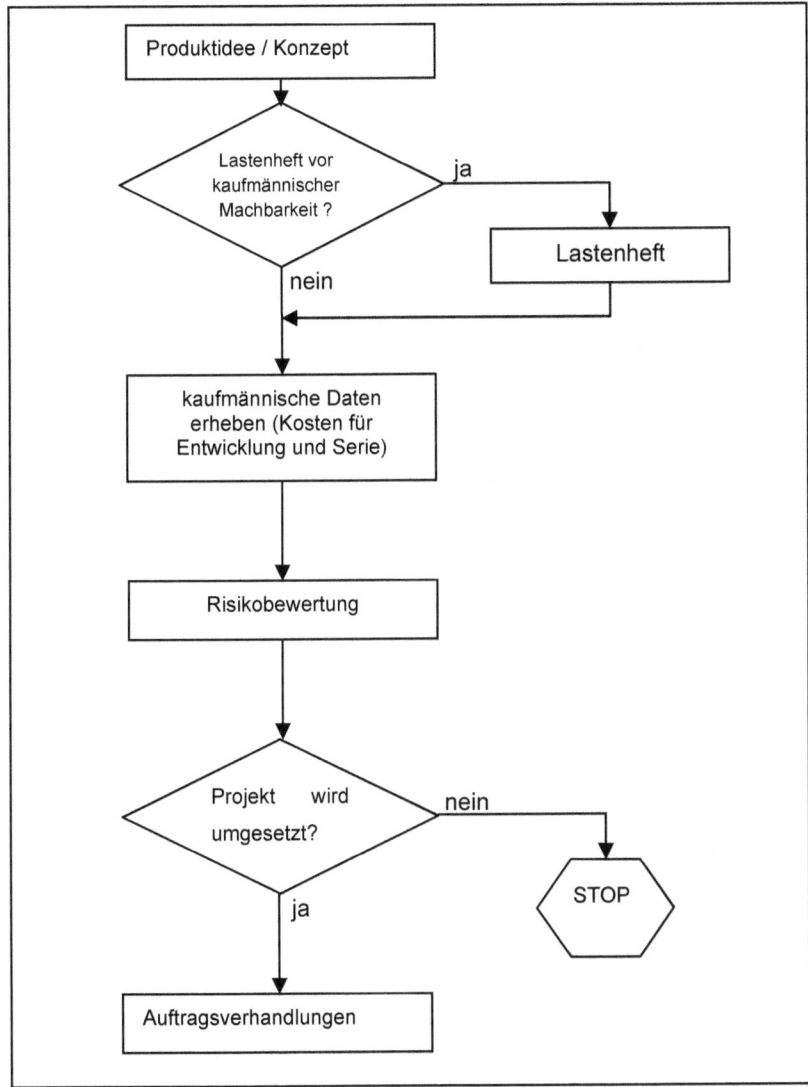

Bild 11: Die 2 Wege vom technischen Konzept zur Umsetzungsentscheidung

2 Die Entwicklung eines elektr. Produktes

Ihr Produkt ist nun fertig definiert. Führen wir nun die Entscheidung der Realisierung herbei.

2.5. Die Realisierungsentscheidung

Für die Entscheidung zur Realisierung brauchen Sie, neben den technischen Rahmenbedingungen, welche Sie in der Produktvision (technisches Konzept) und dem Lastenheft abgesteckt haben, natürlich auch die kaufmännischen Bedingungen (Kosten, Umsetzungszeit,...).

Sie wissen grundsätzlich, wie Sie zum Großteil dieser Daten kommen (Marktrecherchen, Zielpreiskalkulation,...) um entscheidungsfähig zu werden. Ich beschränke mich deshalb in diesem Kapitel darauf, wie Sie auf technischer Ebene den richtigen Elektronik-Entwickler und Fertiger für Ihre Zusammenarbeit zur Realisierung des Produktes finden.

Sie müssen nun erstmals einen oder mehrere brauchbare Partner für Ihr Vorhaben suchen. Wege dazu sind mannigfaltig

- Freunde, Bekannte
- Empfehlungen von Kunden / Lieferanten
- Internetrecherche
- Branchenverzeichnisse
- usw.

Nach welchen Kriterien Sie hier vorgehen, welche Kontakte Sie hier wählen ist natürlich eine wesentliche Vorentscheidung für den Erfolg der Produktrealisierung.

2 Die Entwicklung eines elektr. Produktes

Ich sehe folgende Kriterien für eine erfolgreiche Zusammenarbeit bei Elektronikentwicklungen:

- geographische Nähe: Der Besuch beim Partner sollte maximal einen Arbeitstag beanspruchen. Es gibt bei komplexen Projekten viel zu diskutieren und nicht alles lässt sich per Telefon, Email,... regeln.
- unternehmerische Größe des Partners: Der Partner sollte von Mitarbeiteranzahl und Umsatz zu Ihnen passen.
- Suchen Sie einen Partner, der sowohl die Entwicklung als auch die Fertigung des Produktes anbietet. Das bringt Vorteile bei der Serienproduktion, sowohl auf Kostenseite, als auch bei der Reaktion auf Problemfälle und bei Materialengpässen (Ersatztypenfreigabe usw.).
- Sehen Sie die Homepage an: Wird diese gewartet oder finden Sie nur „alte Hüte". Üblicherweise finden Sie dort auch eine Referenzliste, manchmal sogar eine Projektliste über Auftragsprojekte. Bewerten Sie diese Informationen.
- hat der Fertiger ein funktionierendes Traceability – System (Siehe auch Kapitel 3.6.4)
- Versuchen Sie den Ruf des Unternehmens am Markt herauszufinden.
- Klären Sie, ob der Partner bereits Erfahrung mit elektronischen Systemen für Ihre Branche hat. Elektronik ist nicht gleich Elektronik. Ein elektronisches System für den Haushaltsbereich ist nicht vergleichbar mit einem System für den Militärbereich. Die Anforderungen sind völlig unterschiedlich. In der Elektronikbranche hat sich dadurch auch eine „Spezialisierung" von Anbietern entwickelt. Suchen Sie also dahingehend wirklich den richtigen Partner, der auch Erfahrung zur Realisierung Ihres elektronischen Systems mitbringt.
- ...

2 Die Entwicklung eines elektr. Produktes

Es gibt sicherlich noch viele weitere Kriterien. Sie müssen hier entscheiden, welche Sie zur Bewertung heranziehen.

Haben Sie nun die Unternehmen gewählt, nehmen Sie Kontakt auf und avisieren Sie ein Angebot. Zuvor ist aber noch die Geheimhaltung zu regeln.

NDA (Non disclosure agreements)

In der Elektronik und Software-Branche sind sogenannte NDA (**non d**isclosure **a**greements) üblich. Dies ist eine Geheimhaltungsvereinbarung, die den Kunden vertraglich zur Verschwiegenheit gegenüber Dritten hinsichtlich Informationen zum Produkt und Ihrer Zusammenarbeit selbst verpflichtet. Verpflichten Sie Ihre zukünftigen Partner durch Unterzeichnung des NDA.

> Vorlagen zu einem solchen Agreement finden Sie z.B. hier:
> http://www.vertragsdatenbank.de

Weigert sich der Partner generell dieses zu unterfertigen, können Sie gleich die Zusammenarbeit abbrechen. Es ist in diesem Fall anzunehmen, dass keine ehrliche Zusammenarbeit möglich ist.

Nach Unterfertigung des **NDA** können Sie dem Partner nun das technische Konzept bzw. das Lastenheft, welches Sie erstellt haben, vorlegen und um ein Angebot bitten.

Bei komplexen Produkten empfiehlt es sich einen Termin zu vereinbaren um die relevanten und wichtigen Aspekte des Produktes durchzusprechen. Am besten auch gleich direkt beim möglichen Partner. So kann man sich gleich einen weiteren Eindruck von seinem Unternehmen machen.

2 Die Entwicklung eines elektr. Produktes

Haben Sie ein Produkt, welches eine Serienproduktion nach sich zieht, müssen Sie dem Partner Abnahmemengen und Zeiträume der Produktion nennen. In der Elektronikbranche ist es üblich mit Jahresrahmen zu arbeiten. Das heißt, Sie definieren die Abnahmemenge pro Jahr und zusätzlich, in wie vielen Abrufen Sie wann, welche Menge voraussichtlich abnehmen. Nur wenn Sie dies so angeben, kann der Partner ein sauberes Angebot legen. Rahmen über ein Jahr hinausgehend sind nicht sinnvoll, da bereits die Hersteller für elektronische Bauelemente keine Preisgarantien abgeben. Somit kann dies üblicherweise auch der Partner (Elektronik-Fertiger) nicht. Lässt sich überhaupt einer darauf ein, haben Sie sicher Sicherheitsaufschläge im Angebotspreis inkludiert.

Bei einem Neuprodukt ist es nicht einfach zu definieren, welche Mengen Sie wirklich verkaufen werden. Aus diesem Grund sollten Sie sich Staffelpreise geben lassen, um dann zu entscheiden, welche Menge wirklich die am wenigsten Risikoreiche für Sie ist. Die bestellten Mengen werden Sie in der Regel abnehmen **müssen** (Ausnahmen bestätigen die Regel)!!

Ein Beispiel:
Sie schätzen bzw. evaluieren, dass Sie 1000Stk. eines elektronischen Wasserzählers pro Jahr verkaufen werden. Für jeden Wasserzähler brauchen Sie eine Elektronik.

Definieren sie nun 1000Stk. Jahresmenge: Abnahme 4x pro Jahr jeweils 250Stk. Zusätzlich sollten Sie sich vielleicht noch
500Stk in 4 Abrufen

2 Die Entwicklung eines elektr. Produktes

2000Stk. in 4 Abrufen anbieten lassen.

Somit sehen Sie klar die Preisentwicklung bei steigenden bzw. sinkenden Mengen und können Ihr Risiko klarer bewerten.

2.6. Das Angebot vom Elektronik-Entwickler und/oder Fertiger

Die Dauer der Ausarbeitung eines Entwicklungsangebotes für ein elektronisches System oder für Software ist natürlich abhängig von der Komplexität und vom Umfang des angefragten Systems. Rechnen Sie aber damit, dass Sie mindestens 14 Tage warten müssen, bis Sie ein Angebot in Händen halten werden.

Während der Phase der Ausarbeitung des Angebotes werden Sie Rückfragen von Ihren Partnern bekommen. Es gibt bei so komplexen Systemen immer Ungereimtheiten. Nicht alle Definitionen im Lastenheft oder technischen Konzept werden sofort verstanden. Manchmal ist auch die Beschreibung im Lastenheft bzw. der Produktvision nicht eindeutig.

Meine Erfahrung zeigt, dass ein Partner, der nicht oder wenig fragt auch nicht ordentlich und qualitativ hochwertig das Angebot ausarbeitet. Es ist eher derjenige, der viele Fragen stellt, dem man mehr Vertrauen schenken sollte. Der Partner macht sich bereits intensive Gedanken zur Umsetzung und dabei entstehen einfach viele Fragen. Diese detailliertere Ausarbeitung führt aber auch dazu, dass die anschließend gelieferten Daten des Angebotes (Kosten, Zeitplan,...) mit weniger Risiko behaftet sind und damit die Wahrheit besser widerspiegeln. Dies kann ja nur in Ihrem Sinne sein?

2 Die Entwicklung eines elektr. Produktes

Interpretieren Sie erstmals viele Fragen des Partners keinesfalls als seine Inkompetenz!!

Sie könnten dabei den Richtigen und für Sie Passenden zur Produktrealisierung (Entwicklung) und Fertigung Ihres Produktes ausschließen!

Bei sehr komplexen elektronischen Systemen ist es auch manchmal üblich vorab ein reines Richtpreisoffert einzuholen. Die Ausarbeitung von detaillierten Angeboten ist im Elektronikbereich sehr aufwändig. Ein Richtpreisoffert kann mit wesentlich weniger Aufwand erstellt werden und gibt bereits eine Richtung vor, die eine Entscheidung über den Sinn tiefer einzusteigen zulässt. Richtpreisofferte können durchaus mit einer Genauigkeit von ±10% bis ±30 erstellt werden. Wenn Sie diesen Weg gehen möchten, klären Sie mit Ihrem Partner, mit welcher Genauigkeit er ein Richtpreisoffert legen kann.

Nachdem Sie ja mehrere Angebote von verschiedenen Anbietern erhalten werden, können Sie nun entscheiden, ob das System kaufmännisch umsetzbar ist. Liegen Sie preislich im Rahmen, können Sie mit der Angebotsbewertung fortfahren. Liegen Sie nicht im Rahmen, aber doch in einem Bereich, wo eine Lösung möglich scheint, sollten Sie auch mal die Angebote bewerten (Siehe Kapitel 2.7) und anschließend, mit den in Betracht kommenden Partnern die Produktvision bzw. das Lastenheft nochmals auf Möglichkeiten einer Kostenminimierung besprechen. Hier zeigt sich dann meist ganz klar, wie professionell Ihre gewählten Partner arbeiten. Sie werden schnell die Richtigen finden.

2 Die Entwicklung eines elektr. Produktes

2.7. Die Angebotsbewertung

Haben Sie die Angebote erhalten, müssen Sie diese nun vergleichen. Das ist oft gar nicht so einfach. Neben dem rein monetären Vergleich ist auch ein qualitativer Vergleich unumgänglich. Sie müssen nicht den Billigsten finden, sondern den Günstigsten. Bei der Entwicklung eines Systems muss man sich auf den Partner verlassen können und da ist es wichtig zu verstehen, wie dieser arbeitet. An welchen Kriterien erkennen Sie nun, dass das Angebot vom Partner qualitativ in Ordnung ist:

- Der Partner hat kein Pauschalangebot gelegt, sondern die einzelnen Angebotspositionen:
  - Hardwareentwicklung
  - Softwareentwicklung
  - Leiterplattendesign
  - Test und Prüfung
  - Konformitätsprüfungen
  - Einmalkosten für die Serienproduktion (Produktionssetup)
  - Serienpreis (gestaffelt)

  sind klar aufgeschlüsselt.
- Der Partner hat klar beschrieben, welche Leistungen er erbringen wird, und was er **nicht** erbringen wird.
- Der Partner hat ein erweitertes technisches Konzept mitgeliefert, in dem er auch schon im Groben beschreibt, wie er die Realisierung des Systems bzw. die Software gedenkt anzugehen.
- Er hat technische Eckdaten definiert (Maximum Ratings)

2 Die Entwicklung eines elektr. Produktes

- Eventuell hat er Risikobereiche identifiziert, die die Umsetzung des Projektes gefährden können bzw. die Umsetzungszeit strecken und die Kosten erhöhen.
- Der Partner hat Teile, die nicht von ihm umsetzbar sind, im Konzept beschrieben und vom Angebot ausgenommen
- Der Partner hat mit dem Angebot einen groben Zeitplan mitgeliefert
- Das Angebot ist kaufmännisch „richtig" und weist eine saubere und strukturierte Form auf
- ...

All die genannten Punkte sind Hinweise darauf, dass das Angebot den qualitativen Anforderungen genügt und sie Vertrauen gewinnen können. Sie sind nun wieder an der Reihe Ihre Entscheidung zu treffen. Hier kann ich Ihnen nicht weiter helfen.

Letztlich werden dann wohl 2-3 Anbieter übrigbleiben, mit denen Sie weitere Gespräche machen. Ich rate Ihnen diese Gespräche persönlich abzuhalten. Nur über Telefon oder gar per Mail bekommt man keinen umfassenden Eindruck vom Partner. Egal welchen Komplexitätsgrad das Produkt haben wird, es macht immer Sinn dies im direkten und persönlichen Gespräch zu erarbeiten. Einige Themen sind sowieso unabhängig von der Komplexität des Systems zu definieren und sind schon alleine Grund genug sich zu treffen.

2.8.	Der Auftrag

Die Auftragsverhandlungen sind dann von Ihnen zu führen, und es wäre anmaßend, wenn ich Ihnen da Ratschläge geben würde. Pönalen, Haftrücklass, Zahlungsbedingungen,... sind keine Tabuthemen. Manche

2 Die Entwicklung eines elektr. Produktes

Partner werden Ihre Vorstellungen akzeptieren, manche nicht. Letztlich liegt es dann an Ihnen, inwieweit diese Themen KO-Kriterien sind. In der Elektronik- und Softwarebranche sind aber ein paar zusätzliche Dinge bei der Auftragsdefinition, die Sie keinesfalls vergessen dürfen, zu betrachten.

2.8.1 Urheberrecht – Nutzungsrecht (Österreich)

Das **Urheberrecht** beschreibt das absolute und subjektive Recht geistigen und materiellen Eigentums. Es schützt die Schöpfung eines Urhebers eines Werkes. Damit einer Schöpfung Werkscharakter zukommt, muss sie die Kreativität, also die geistige Schöpfungskraft eines Menschen zur Grundlage haben. Diese Voraussetzung erfüllt nur „eine individuell eigenartige Leistung, die sich vom Alltäglichen, Landläufigen, üblicherweise Hervorgebrachten abhebt". Für die Wertung kommt der Eigentümlichkeit (Individualität) eine besondere Bedeutung zu. Das Urheberrecht ist nicht übertragbar, da es an die Person des Urhebers des Werkes gebunden ist.

Das **Nutzungsrecht** an einer Sache wird durch schuldrechtliche oder dingliche Vereinbarung eingeräumt. Mögliche schuldrechtliche Vereinbarungen über Nutzungsrechte sind die Miete, Pacht oder Leihe. Dabei wird dem Nutzenden lediglich der Besitz eingeräumt, der Eigentümer wird aus seiner Stellung nicht verdrängt
Diese Rechtsbeziehungen (Urheber – Nutzung) können bei einer Entwicklung eines elektronischen Systems schlagend werden, wenn der Entwickler Ihres elektronischen Systems z.B. eine technische Lösung findet, die im Sinne des Urheberrechts schutzwürdig ist (und dies kann schnell passieren). In diesem Fall würden Sie als Auftraggeber nur das Nutzungsrecht erlangen können, Urheber ist ja der Entwickler. Die Frage, die sich nun stellt ist, wie weit Sie dieses Nutzungsrecht vertraglich mit Ihrem Entwicklungspartner ausdehnen.

2 Die Entwicklung eines elektr. Produktes

 **Halten Sie hier unbedingt Rücksprache mit einem Rechtsberater in Urheberrechtsfragen um den Vertragstext auch rechtssicher zu gestalten. Das Thema ist kompliziert und auch noch in verschiedenen Staaten unterschiedlich geregelt!**

Sehen Sie zu, dass Sie unabhängig vom Urheberrecht vertraglich uneingeschränktes Nutzungsrecht festhalten! Nur dann können Sie frei am Markt agieren. Sie müssen das entwickelte Produkt oder auch nur Produktteile uneingeschränkt

- produzieren
- bewerben
- verkaufen
- ändern
- ....

können.

Achten Sie bei der Auftragsvergabe auf diese rechtlichen Sachverhalte und halten Sie bei Unklarheit Rücksprache mit Rechtsberatern.

2.8.2 Datenbesitz

Sie müssen definieren und mit dem Partner vereinbaren, dass Ihnen nach Abschluss der Entwicklung alle Daten zum Produkt zur Verfügung stehen, und zwar in einer solchen Form, dass Sie dass Produkt jederzeit bei einem anderen Fertiger produzieren oder auch bei einem neuen Entwicklungspartner ändern lassen können! Dies ist immens wichtig. Es kann auch mal zum Streit kommen oder Ihr Partner ist nicht mehr in der Lage, Sie zu betreuen (Konkurs, Unfall,...). Haben Sie den Datenbesitz nicht geklärt, kann das bitter werden. Es wäre im schlimmsten Fall möglich, dass Sie Ihr Produkt nicht mehr weiter produzieren bzw. warten können. Definieren Sie also, dass alle

2 Die Entwicklung eines elektr. Produktes

Daten zum Produkt Ihnen gehören und diese Ihnen bei Abschluss des Entwicklungsprojektes bzw. bei einer Änderung am Produkt zu übermitteln sind. Mit diesen Daten haben Sie die Möglichkeit, Ihr Produkt weiter zu warten bzw. produzieren zu lassen.

Die Daten, die Sie für die Produktion und den Service der Hardware brauchen sind:

- Schaltplan
- Bestückungsplan (zeigt an welchem Ort ein Bauteil auf der Leiterplatte bestückt wird)
- Stückliste inklusive Ersatztypenliste
- Bestück-Koordinaten (Maschinendaten für die automatische Bestückung)
- Gerberfiles für die Leiterplattenherstellung (Lagen der Leiterplatte, Schablonendaten,..)
- die Source-Files der Leiterplattendaten (CAD). Sie können sonst kaum Änderungen an der Leiterplatte vornehmen, falls dies notwendig werden würde.
- werden in Ihr elektronisches System auch kundenspezifische Bauelemente, wie ASICS, spezifische Antennen usw. eingebaut, so brauchen Sie auch für diese Teile die umfassenden Fertigungsdaten (Stückliste, Konstruktionsdaten,...).
- Haben Sie ein Softwareprodukt bzw. ist das Produkt mit eingebetteter Software ausgestattet, so klären Sie unbedingt die Rechte an den sogenannten **Source-Codes (Quellcodes)**. Nur wenn diese Ihnen zur Verfügung gestellt werden und Sie freies Nutzungsrecht besitzen, haben Sie später die Möglichkeit Korrekturen und Änderungen vorzunehmen, sollte es zu einem Bruch mit dem Partner kommen.

2 Die Entwicklung eines elektr. Produktes

→ Eventuell beauftragen Sie bei Ihrem Fertiger eine Testapparatur, mit der Ihre Serienprodukte vor Auslieferung an Sie getestet werden (siehe Kapitel 3). Auch an diesen Produkten sollten Sie die Rechte klären. Sehen Sie auch hier zu, dass die Apparatur Ihnen gehört!

Halten Sie alle Vereinbarungen zum Thema Datenbesitz genau im Auftrag fest und fordern Sie die Daten bei Projektabschluss und Beginn der Serienproduktion umgehend an, sofern der Partner diese nicht von sich aus automatisch liefert!

2.8.3 Währungsrisiken

Achten Sie auf Klauseln im Angebot bezüglich Währungsrisiken und bewerten Sie diese. Elektronikbauteile werden zum Teil in US$ gehandelt. Dies betrifft vor allem hochwertige Bauelemente und diese bestimmen damit meist auch Ihren Produktpreis. Es ist zwar ein Qualitätskriterium, wenn der Anbieter in seinem Angebot darauf hinweist, manche tun das aber nicht unbedingt. Sie sollten über das Risiko vorab Bescheid wissen und die Vorgehensweise bei hohen Währungsschwankungen mit Ihrem Partner klären.

2.8.4 Hinweise zur Serienproduktion

Die Serienproduktion Ihres Produktes erfolgt in einer Abfolge von Montagetätigkeiten (Bestücken), Behandlungsverfahren (verlöten, lackieren,...) und Verifizierungsverfahren (Bestückungsprüfungen, Sichtkontrollen). Diese Abfolge an Montageschritten nennt man Fertigungsprozess. Während dieser Fertigungsprozesse bei den Herstellern weitgehend standardisiert sind, und sie damit kaum Einfluss haben, ist am

2 Die Entwicklung eines elektr. Produktes

Ende des Fertigungsprozesses üblicherweise eine Endkontrolle der gefertigten Baugruppen (Elektronik) – der Funktionstest - angedacht. Dieser Verifizierungsprozess ist nicht standardisiert, sondern von Ihren Forderungen abhängig. Da elektronische Systeme sehr komplex sind, kann man kaum garantieren, dass es zu keinen Ausfällen nach der Endkontrolle kommt. Das heißt, Sie müssen bei Anlieferung von elektronischen Systemen in Ihr Haus mit nicht funktionierenden Einheiten rechnen. Dabei stellt sich nun die Frage, wie hoch die Menge an derartigen Ausfällen sein wird. Sie können diese Ausfälle abhängig von der Intensität der Endkontrolle beeinflussen. Natürlich ist eine intensivere Endkontrolle beim Fertiger auch mit höheren Kosten verbunden. Sie müssen für Ihr Produkt das richtige Maß an Endkontrolle beim Fertiger finden. Dieses Maß ist aber auch von Produkteigenschaften abhängig.

Beispielsweise sind Produkte, die sicherheitskritisch sind (Gefahr für Leib und Leben bei Ausfall) einer sehr intensiven Endkontrolle zu unterziehen, während Low-Cost-Consumer-Produkte oft nur in Stichproben automatisch optisch kontrolliert werden. Sie müssen also die Testtiefe der Endkontrolle für Ihr Produkt anhand von gesetzlichen Vorschriften und Ihren Marktgegebenheiten definieren und dies am besten auch als Auftragsbestandteil schriftlich festhalten.

In der folgenden Tabelle gebe ich Ihnen einen Überblick über die gängigsten Testmethoden und den zu erwartenden Ausfällen bei Anlieferung zu Ihnen.

2 Die Entwicklung eines elektr. Produktes

Testmethode	Ausfall-quote (Richtwert)	Einmalkosten für Testadapter (Richtwert)	Testkosten pro Stück (Richtwert)
manuelle optische Kontrolle	>5%	-	-
AOI	< 5%	€1.000 - €10.000	€0,50 – offen (abhängig von Testdauer)
AOI + Funktionstest	~ 1%	€1.000 - €10.000	€0,50 – offen (abhängig von Testdauer)
AOI + Funktionstest + Incircuit Test	< 0,5%	€5.000 - €20.000	€ 2 – offen (abhängig von Testdauer)
AOI+ Funktionstest + Incircuit-Test + BurnIn-Test	< 0,1%	mehrere TSD €	beginnend bei mehreren € pro Stück - offen

Tabelle 1: Testmethoden - Erfahrungstabelle

Die detaillierten Beschreibungen der einzelnen Testmethoden sehen Sie im Kapitel 3.3.

2.8.5 Übermengen

Bei der Serienproduktion von elektronischen Baugruppen fallen meist Übermengen der verwendeten elektronischen Bauelemente an. Was damit passiert, haben Sie bei Auftragsvergabe zu vereinbaren. Sehen Sie dazu Kapitel 5.4.2.

2.8.6 Feldtest und Feldtauglichkeit

Üblicherweise halten sich Entwickler und Fertiger von Elektronik und Software von der Verantwortung der Feldtauglichkeit frei. Feldtauglichkeit bedeutet, dass das entwickelte Gerät einwandfrei von den Benutzern bedient werden

2 Die Entwicklung eines elektr. Produktes

kann und es den Vorgaben und Anforderungen des Zielmarktes entspricht. Diese feld- und anwendungsspezifischen Themen kann natürlich ein Elektronikentwickler nicht allumfassend wissen. Er verlässt sich hier auf die von Ihnen gemachten Vorgaben im Lastenheft und schließt die Verantwortung für die Feldtauglichkeit aus. **Dieser Haftungsausschluss ist üblich!**

Das hat für Sie aber weitreichende Folgen. Nehmen wir mal an, dass Sie für eine Sondermaschine eine elektronische Regelung entwickeln lassen. Sie schreiben im Lastenheft „Einsatz in Industrieumgebung". Es wird fertig entwickelt und dann stellt sich heraus, dass die Elektronik die notwendigen Umweltbedingungen am Montageort nicht erfüllt. Dort können nämlich in Sonderfällen bis zu 95°C auftreten. Industrieumgebung bedeutet aber maximal 85°C. Die Feldtauglichkeit ist hier nicht gegeben! Haben Sie Ihrem Partner über diesen Sonderfall nicht informiert, ist das Ihr Problem. Er kann das nicht wissen und ist aufgrund der Feldtauglichkeits-Klausel vor Schadenersatz weitestgehend geschützt.

Ein weiteres Beispiel ist ein GPS-System mit Display und 4 Tasten zur Anzeige und Bedienung. Sie schreiben Anwendung im Außenbereich vor, aber nicht, dass z.B. das Display auch bei direkter Sonneneinstrahlung gut lesbar sein muss. Es wird entwickelt. Der Entwickler setzt ein Display ein, welches hinsichtlich Temperurbereich für Anwendungen im Außenbereich geeignet ist. Am Ende der Entwicklung während der ersten Feldtests stellt sich heraus, dass das System aufgrund der Unlesbarkeit des Displays bei direkter Sonneneinstrahlung nicht bedienbar und damit felduntauglich ist. Zweifelsohne ist dieses Beispiel ein Streitfall und man kann durchaus dem Entwickler vorwerfen, dass er an dieses Problem denken hätte können. Aber auch Sie hätten daran denken müssen, nur Sie wissen letztlich über die Feldbedingungen und den Einsatz Ihres Produktes detailliert bescheid.

2 Die Entwicklung eines elektr. Produktes

Letztlich ist es eben dann so, dass Sie beide ein Problem haben und erneute Kosten der Überarbeitung des Produktes auf Sie und Ihren Partner zukommen und die Markteinführung sich verzögern wird. Das wäre im Vorfeld durch eine klare und unmissverständliche Definition der Feldbedingungen vermeidbar gewesen.

Es ist sehr wichtig, dass Sie den Entwickler hinsichtlich der Verwendung, der Bedienung und der Feldbedingungen wirklich detailliert in Kenntnis setzen. Das ist Ihre Verantwortung! Nur dann können solche Situationen vermieden werden. Entwickler sind selten „gute" Anwender!

Die Feldtauglichkeit Ihres Systems liegt in Ihrer Verantwortung als Auftraggeber!

2.8.7 Konformität des Systems – Konformitätserklärung

Ihr elektronisches Produkt muss auf Basis seines Verwendungszweckes, seines Einsatzbereiches und der geographischen bzw. politischen Zielmärkte definierten, gesetzlichen Anforderungen entsprechen (CE, UL, CSA,...). Es muss konform zu den gesetzlichen Bestimmungen entwickelt, gefertigt und betrieben werden.

Diese Anforderungen sind im **Lastenheft** zu definieren. Wichtig ist, dass Sie nicht übersehen, wer für die Verifizierung der Konformität (Konformitätsprüfungen) zuständig ist. Ist es Ihr Partner, dann müssen Sie dies klar im Auftrag ausformulieren.

2.8.8 Abschluss

Abhängig von Ihrer Branche gibt es sicher noch weitere Kriterien und Punkte die Sie besprechen wie. z.B. Produktnachverfolgung (Traceability); normkonforme Fertigung (UL, Medizintechnik,..), usw. Die wichtigsten Themen, die oft übersehen werden, habe ich Ihnen genannt.

Damit haben Sie den Auftragsinhalt definiert. Ein weiterer wesentlicher Bestandteil eines Entwicklungs- oder Fertigungsauftrages ist natürlich der Liefertermin bzw. der Zeitplan der Umsetzung. Zeit ist Geld und der Erfolg eines Produktes, oder auch des gesamten Unternehmens, ist vom Zeitpunkt der Markteinführung von Produkten abhängig. Andererseits ist es aber auch so, dass gerade bei der Zeitplanung und auch nachfolgend im Zeitmanagement (Projektmanagement) viele Fehler gemacht werden. Entwicklungen von elektronischen Systemen, die Ihre geplante Entwicklungszeit um mehr als 100% überschreiten sind keine Seltenheit. Sie kommen immer wieder vor und führen regelmäßig in Unternehmen zu ausufernden Kosten. Ärger, Streit und Frust aller Beteiligten sind die Folge. Dabei sind es oft ein paar wenige Dinge, die man konsequent beachten und danach handeln sollte, um derartige Katastrophen zu vermeiden. Diese Themen sehen wir uns nun genauer an.

2 Die Entwicklung eines elektr. Produktes

2.9. Der Zeitplan

Ein Zeitplan stimmt nie!
Es ist zwar traurig festzustellen, aber es ist besonders bei Forschungs- und Entwicklungsarbeiten, aber auch in vielen anderen Bereichen so. Haben Sie ein Haus gebaut? Wenn ja, dann denken Sie mal daran, wie oft Sie Termine verschieben mussten. Auch ein Hausbau ist, wie die Entwicklung eines elektronischen Systems, ein komplexes Projekt und es lassen sich nicht alle Eventualitäten und Ereignisse während des Umsetzungsprozesses vorhersagen. In Wahrheit ist ein Plan nur eine Annahme der Ereignisse in der Zukunft. **Wer kann schon in die Zukunft sehen?**

So wird Ihnen der Entwickler Ihres elektronischen Systems bei Auftragsvergabe einen Zeitplan liefern und Sie müssen dann mit Ihren Terminen (Feldtest, Markteinführung, Vertriebsaktivitäten, Messetermine,…) eine Abstimmung finden. Dies ist ausgesprochen schwierig und die Planungsgenauigkeit und damit die Termintreue kaum, wie oben erwähnt, mit hoher Qualität zu erwarten. Meine Erfahrungen zeigen, dass es am Markt nur wenige Entwickler gibt, die qualitativ hochwertige Planungswerkzeuge besitzen, diese konsequent anwenden und dadurch halbwegs termintreu entwickeln bzw. konstruieren.

Rechnen Sie von Anfang an mit Verzögerungen. Kommunizieren Sie dies aber nicht zum Partner!

Es gibt im Projektprozess einfach Mechanismen, die unweigerlich dazu führen, dass Projekte zeitlich im Aufwand und in der Umsetzungszeit

2 Die Entwicklung eines elektr. Produktes

ausreißen. Da steckt keine Absicht oder böser Wille, ja nicht mal Unfähigkeit der Entwickler dahinter. Es sind einfach menschliche Charakterzüge oder Eigenschaften, die in der Art der Projektbearbeitung Einzug halten und damit zu Verschiebungen führen. Ich nenne Ihnen hier die Wichtigsten dieser Mechanismen, damit Sie von Ihrer Seite entgegenwirken können und Sie durch Ihr Verhalten gegenüber dem Partner den Zeitverzug nicht sogar erst heraufbeschwören.

Planungen versagen, weil
- man schlichtweg den **Aufwand unterschätzt**
- man am „**Studentensyndrom**" leidet
- „**Bad Multitasking**" nicht mit berücksichtigt
- keine **Pufferzeiten** berechnet, bzw. Pufferzeiten falsch setzt
- ohne methodischer Planung nicht **alle Facetten des Projektes** betrachtet
- **Unvorhergesehenes** nicht berücksichtigt
- die „**Funktionsinflation**" nicht wahrnimmt bzw. nicht darauf reagiert
- „**Projektinflation**" eintritt
- ...

2.9.1 Abschätzen des Aufwandes

Menschen können unheimlich schlecht schätzen. Wir verschätzen uns immer. Denken sie nur daran, wie Sie kurz einkaufen gehen und schätzen es wird eine halbe Stunde dauern. Nach eineinhalb Stunden sind Sie noch nicht fertig. Nehmen Sie sich vor Ihren Keller aufzuräumen. Sie denken, da reicht ein Vormittag und am Abend des ersten Tages haben Sie erst die Hälfte geschafft. Gleiches gilt auch für das Abschätzen von Aufwänden in der Elektronikentwicklung.

2 Die Entwicklung eines elektr. Produktes

Das Schätzen von Aufwänden lernt man nicht. Keine Schule der Welt unterrichtet „Schätzen von Aufwänden".

„**Fachmänner wissen was Sie zu tun haben und müssen daher auch wissen, wie lange Sie dafür brauchen**". **Das ist leider ein absoluter Irrglaube!**

Ein Fachmann ist beispielsweis auch ein Wasserinstallateur. Er weiß, wie lange er für den Einbau einer Wasserarmatur braucht. Das sollte in einer Viertelstunde leicht erledigt sein. Er beginnt und stellt fest, obwohl er vorher die Einbausituation besichtigt hat, dass die Rohre zu lang sind, er muss diese ablängen und dann erst die Armatur einbauen. In Summe hat er eine halbe Stunde gebraucht. Für diese einfache Aufgabe hat er seine Planzeit um 100%! überschritten. Denken Sie nun an die Entwicklung einer elektronischen Baugruppe. Ein Projekt, das ein halbes Jahr dauert mit einer Unmenge an einzelnen Aufgaben. Wie genau kann man sowas schätzen? Manchmal habe ich selbst das Gefühl, dass man bei solchen Projektabschätzungen eine höhere Genauigkeit mit dem „Lesen" des morgendlichen Kaffeesatzes erreicht, als sich stundenlang hinzusetzen um die einzelnen Aufgaben zu reihen und abzuschätzen.

Das ist ein echtes Dilemma und zwar aus 2 Gründen:
- Sie können keine hohe Genauigkeit erwarten. Das ist nicht möglich!
- Sie haben auch keinen Einfluss auf Ihren Partner. Sie wissen nicht wie „gut", oder sollte ich eher sagen wie „schlecht" er im Schätzen ist.

Die einzige Erfahrung, die ich Ihnen hier mitgeben kann, ist dass man das gesamte Projekt in möglichst viele kleine Teile (Aufgaben) zerlegt und dann die einzelnen Aufgaben abschätzt bzw. abschätzen lässt.

Vielleicht ist es auch möglich, Ihr Produkt in mehreren Phasen einzuführen und nicht gleich mit dem ersten Produktrelease ein perfektes Produkt zu haben, das alle Stücke spielt, aber dafür 2 Jahre Entwicklungszeit braucht.

2 Die Entwicklung eines elektr. Produktes

Kleinere Aufgaben sind besser abzuschätzen. Damit sind auch kleinere Projekte leichter und besser zu schätzen.

Erwarten Sie keinesfalls zeitliche Punktlandungen!!!

2.9.2 Das Studentensyndrom

Das Studentensyndrom ist ein entscheidender Killer von zeitlichen Planungen. Dieses Syndrom zeigt sich, indem man am Beginn eines Projektes nicht voll durchstartet, da man das Gefühl hat, es hat eh noch Zeit. Zum geplanten Projektende hin, wird dann die Zeit zu knapp und man weiß nicht, wie man fertig werden soll. Hand aufs Herz, wie oft ist Ihnen das schon selbst passiert? Im Bild 5 sehen Sie dies graphisch nochmals dargestellt.

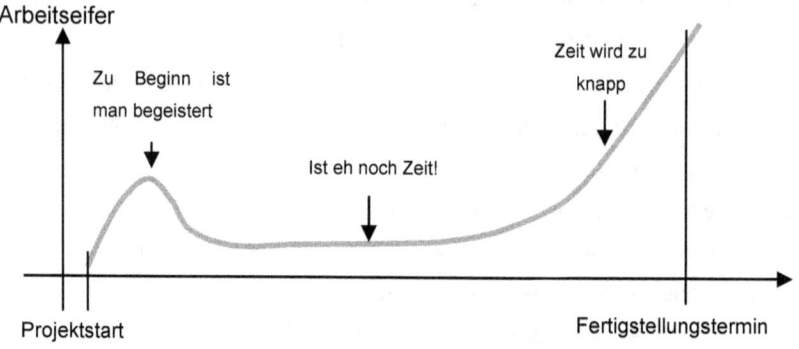

Bild 12: Studentensyndrom: Arbeitseifer im Verlauf eines Projektes
Quelle: „Die kritische Kette"

Planen Sie deshalb den Projektstart zu dem Zeitpunkt, an dem Sie und auch Ihr Partner wirklich hundertprozentig durchstarten können. Starten Sie dann auch durch! Sagt Ihr Partner, dass er erst zu einem bestimmten Zeitpunkt starten kann, akzeptieren Sie dies. Achten Sie vor allem auf die „Ist eh noch Zeit Phase". Natürlich können Sie nicht wissen, wie Ihr Partner mit seiner Zeit umgeht. Üblicherweise gibt es aber im Projekt Meilensteine oder auch Abnahmetermine zwischendurch. Achten Sie darauf, ob diese sich bereits zeitlich verschieben und Ihre Pufferzeiten (siehe Kapitel 2.9.4) aufgefressen werden. Fordern Sie vereinbarte Daten und Abnahmen konsequent zu den vorgegebenen Zeitpunkten ein, können Sie Ihren Partner eventuell aus der Lethargiephase „Ist eh noch Zeit" herausholen bzw. diese Phase nie eintreten lassen.

2.9.3 Bad Multitasking

Unter Bad Multitasking versteht man abwechselnde Bearbeitung von 2 Aufgabe bzw. 2 Projekten. Die Umsetzung beider Aufgaben dauert damit länger, im Gegensatz zur sequentiellen Abarbeitung der Aufgaben. Finalisieren Sie also immer eine Aufgabe, bevor Sie mit der Nächsten beginnen.

Warum ist das so?

Die Verlängerung der Umsetzungszeit (auch des Aufwandes) ergibt sich auf Grund von „Setup-Zeiten". Das heißt, ich muss mich in die neue Aufgabe wieder einarbeiten. Springe ich immer zwischen 2 Aufgaben hin und her, muss ich mich öfter einarbeiten. Solche Setup-Zeiten können bei komplexen Aufgaben massiv werden und bis zu 50% der Gesamtumsetzungszeit ausmachen. Bild 6 soll die Wirkung der Setup-Zeiten aufgrund von „Bad Multitasking" verdeutlichen. Werden A1 und A2 gleichzeitig und immer abwechselnd bearbeitet, so sind in diesem Beispiel 4mal Setupzeiten angefallen. Hätte man die beiden Aufgaben nacheinander abgearbeitet, wären nur 2 Setupzeiten angefallen und die Gesamtumsetzungszeit wäre kürzer gewesen.

2 Die Entwicklung eines elektr. Produktes

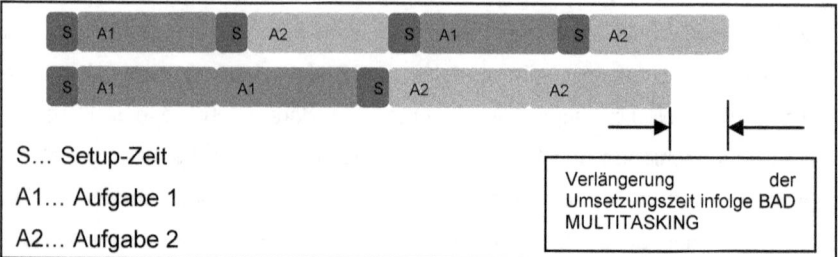

S... Setup-Zeit
A1... Aufgabe 1
A2... Aufgabe 2

Verlängerung der Umsetzungszeit infolge BAD MULTITASKING

Bild 13: Auswirkung von Bad Multitasking im Zeitplan des Projektes
Quelle: „Die kritische Kette"

Arbeiten Sie oder Ihr Partner weitgehend alleine oder in kleinen Gruppen an einem oder mehreren „Projekten" können Sie solches „Bad Multitasking" nicht verhindern, es wäre praxisfern, dies zu behaupten. Sie können es aber minimieren, indem Sie

- die Aufgaben bei der Planung im Hinblick auf dieses Phänomen bestmöglich verschachteln und
- indem Sie sich dieses Phänomens bewusst sind, und den Zeitpunkt einer Unterbrechung so wählen, dass Sie möglichst wenig Setup-Zeit haben

Ein weiteres Problem verursacht durch „Bad Multitasking" ist, dass sie durch die abwechselnde Bearbeitung von 2 Aufgaben oder Projekten die Umsetzungszeit beider Projekte strecken. Bei der gleichzeitigen Bearbeitung von 2 Aufgaben/ Projekten dauern beide länger und es könnten beide in Verzug geraten. Bild 7 zeigt dieses Problem. Bei der abwechselnden Bearbeitung von P1 und P2 schaffen beide Projekte nicht den geplanten Termin. Arbeitet man aber P1 und anschließend P2 ab, so schafft es zumindest P1 termingerecht fertig zu werden.

2 Die Entwicklung eines elektr. Produktes

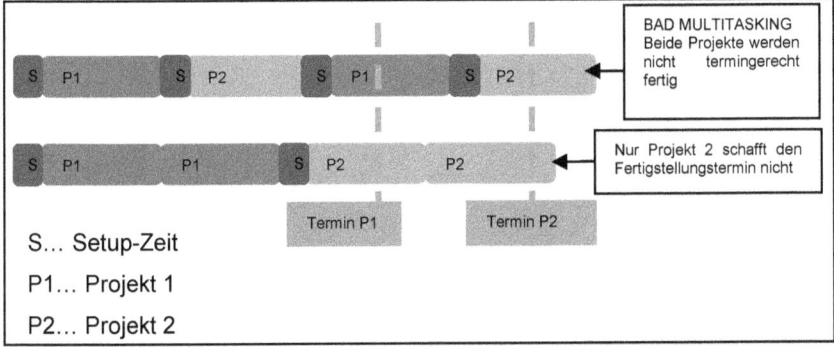

Bild 14: Bad Multitasking und Streckung der Umsetzungszeiten von 2 Projekten
Quelle: „Die kritische Kette"

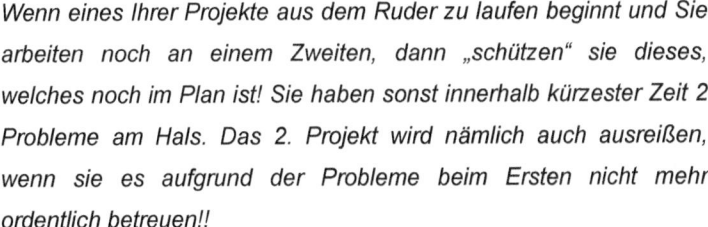

Wenn eines Ihrer Projekte aus dem Ruder zu laufen beginnt und Sie arbeiten noch an einem Zweiten, dann „schützen" sie dieses, welches noch im Plan ist! Sie haben sonst innerhalb kürzester Zeit 2 Probleme am Hals. Das 2. Projekt wird nämlich auch ausreißen, wenn sie es aufgrund der Probleme beim Ersten nicht mehr ordentlich betreuen!!

Die Mechanismen des „Bad Multitasking" wirken bei Ihnen genauso, wie auch bei Ihren Partnern. Dort haben Sie aber wenig Einfluss. Wenn Sie sich dieser Themen bewusst sind, können Sie auf Ihre Partner wirken. Beauftragen Sie beispielsweise 2 Projekte gleichzeitig, so können Sie durch Ihre Aktionen helfen, dass „Bad Multitasking" minimiert wird. Helfen Sie Ihren Partnern Ihre Projekte zeitlich so zu „verschachteln", dass Bad Multitasking nicht oder wenig wirksam wird. Fordern Sie z.B. keine gleichzeitigen Fertigstellungstermine. Drängen Sie sie nicht ein neues Projekt zu starten, wenn am alten Projekt

2 Die Entwicklung eines elektr. Produktes

noch intensiv gearbeitet wird. Dies natürlich nur dann, wenn für das neue Projekt die gleichen Projektmitarbeiter vorgesehen sind.

2.9.4 Pufferzeiten

Zeitplanungen basieren üblicherweise auf die geschätzten Zeiten für die Aufwände in den einzelnen Projektaufgaben. Man nennt diese auch die Nettozeit. Für Fehleinschätzungen und auch für Unvorhergesehenes sollte man sich, wie schon oben besprochen, eine Zeitreserve mit einplanen, sogenannte Pufferzeiten. Nettozeit plus Pufferzeit ergibt dann die Bruttozeit.

Planen Sie für sich Pufferzeiten in der Umsetzung und hinterfragen Sie auch bei Ihrem Partner, wie viel an Pufferzeit er geplant hat. Größenordnungen von bis zu 50% der geschätzten Nettozeit sind da durchaus denkbar.

Hat Ihr Partner Pufferzeiten geplant, dann auch aus gutem Grunde. Es bringt nichts, wenn Sie für sich den Pufferzeitraum streichen und den Liefertermin auf die Nettoumsetzungszeit festlegen. Sie machen damit unnötig Stress, nebst dem, dass in der Regel die Pufferzeiträume sowieso verbraucht werden. Beachten Sie dies nicht, und streichen Pufferzeiten, haben Sie automatisch einen „geplanten Terminverzug". Denken Sie daran, dass Schätzungen von Aufwänden nie genau stimmen. Mit Pufferzeiten können Sie diese Abweichungen abfedern.

2.9.5 Funktionsinflation

Ist ein Projekt bzw. eine Produktentwicklung einmal gestartet und beauftragt, beschäftigt sich nicht nur der Entwickler mit der Umsetzung, sondern auch Vertrieb, Marketing, usw. des Auftrag gebenden Unternehmens, also Sie, beginnen zu arbeiten. Die Markteinführung des Produktes ist ja vorzubereiten. Dabei kommt es oft vor, dass Mitarbeiter noch Ideen haben, mit welcher

2 Die Entwicklung eines elektr. Produktes

zusätzlichen, einfachen Funktion man dem Produkt mehr an Wert geben kann. Werden diese Ideen für gut befunden, fragen Sie natürlich den Entwickler, ob diese oder jene Funktion noch mit eingebunden werden kann. Beauftragen Sie diese Änderung/Erweiterung dann auch, da der Partner: „Ja, das kann ich einbauen." gesagt hat, so verursachen Sie **Funktionsinflation**.

Funktionsinflation ist eine der häufigsten Ursachen für Verschiebungen in der Projektlaufzeit. In der Umsetzungsphase kann es schon durchaus sein, dass die eigentliche technische Umsetzung dieser Zusatzfunktion wenig Aufwand ist. Möchten Sie aber gut dokumentiert und qualitativ hochwertig umsetzen, rechtssicher sein und termintreu bleiben, so

- müssen Sie das Lastenheft anpassen
- müssen Sie die Machbarkeit prüfen
- ist eventuell der Auftrag zu korrigieren
- erhöht sich der Testaufwand
- wird die Bedienungsanleitung komplexer
- usw.

Meist ist diese Anpassung doch ein erheblicher Aufwand, außer man macht es wie die überwiegende Zahl an Unternehmen: Man macht nichts und die Funktion wird einfach gefordert und umgesetzt. Später wundert man sich dann,

- dass der Liefertermin nicht gehalten wird,
- eventuell zusätzliche Kosten verrechnet werden,
- unter Umständen das Serienprodukt teurer wird.

Was bleibt sind dann Streitereien und Schuldzuweisungen. Es wäre aber so einfach zu vermeiden. Man muss alles klären und der Reihe nach durchexerzieren.

2 Die Entwicklung eines elektr. Produktes

Derartige Situationen habe ich in meiner Laufbahn nicht einmal gehabt, sondern mehrmals und es war immer unangenehm.

Was können Sie nun als Auftraggeber tun, um dies zu vermeiden?
Nehmen Sie ein schnelles „ja" des Partners nicht gleich an. Lassen Sie den ihn die zusätzlichen Kosten und Zeitverschiebung prüfen. Ziehen Sie auf jeden Fall die Dokumente nach, entweder indem sie wirklich das Lastenheft korrigieren, oder einen schriftlichen Zusatz machen, der dann dem Lastenheft beigelegt wird. Die Korrektur bzw. der Zusatz ist natürlich von beiden Projektpartnern wieder zu unterzeichnen.

Generell wäre es aber anzustreben Funktionsinflation zu vermeiden. Stellen Sie das Produkt lt. Lastenheft fertig und definieren Sie dann ein Folgeprojekt, in dem Sie die gewünschten Änderungen / Erweiterungen umsetzen.

2.9.6 Projektinflation

Während sich die Funktionsinflation auf die Erweiterung des Leistungsumfanges eines Projektauftrages bezieht, bedeutet Projektinflation, dass zusätzliche Projektaufträge vergeben werden, die zeitlich nur schwer machbar sind und damit geeignet sind, die Abarbeitung von bereits laufenden Projekten zu beeinflussen bzw. deren geplanten Abschluss zu gefährden. Bad Multitasking könnte hier wirksam werden. Es kann aber auch einfach zur Überlastung bei Ihrem Partner kommen. Hier haben Sie wenig Einfluss. Es ist schwierig festzustellen, wie die Situation bei Ihrem Partner ist. Am einfachsten ist es noch laufende Projekte zu beurteilen. Reißen diese schon bei Ihrem Partner zeitlich aus, wird es wenig Sinn machen noch zusätzliche Projekte zu starten.

2.9.7 Fazit

Ich fasse hier nochmals die gemachten Empfehlungen zusammen. Es ist mir äußerst wichtig, dass Sie sich dieser Zeitplanungsmechanismen im Projektprozess bewusst sind, weil diese sehr oft die Ursache für das Scheitern von Projekten darstellen und zu Streit bis letztlich zu Gerichtsverfahren führen.

Alle die genannten Mechanismen wirken, wie erwähnt, sowohl bei Ihnen als auch bei Ihren Partnern. Dort haben Sie wenig Einfluss. Sie können ihn aber durch Ihr handeln unterstützen:

- **Schätzen ist in die Zukunft sehen. Erwarten Sie keinesfalls terminliche Punktlandungen!**

- **Beachten Sie das Studentensyndrom**
  Fordern Sie Zwischenabnahmen und Freigaben, zum geplanten Termin ein. Achten Sie darauf, wie sich die Pufferzeiten entwickeln.

- **Vermeiden Sie Bad Multitasking**
  Helfen Sie dem Partner seine Aufgaben zeitlich so zu „verschachteln", dass Bad Multitasking nicht oder wenig wirksam wird. Fordern Sie z.B. keine gleichzeitigen Fertigstellungstermine...

- **Pufferzeiten**
  Fordern Sie die Darstellung der Pufferzeiten, und lassen Sie diese auch im Plan bestehen. Fordern Sie nicht unrealistische Liefertermine basierend auf der Streichung von Pufferzeiten im Projektplan.

- **Vermeiden Sie Funktionsinflation**
  Nehmen Sie eben ein schnelles „ja" des Partners nicht gleich an. Lassen Sie ihn die zusätzlichen Kosten und Zeitverschiebung prüfen. Ziehen Sie auf jeden Fall die Dokumente nach, entweder indem sie wirklich das Lastenheft korrigieren, oder einen schriftlichen Zusatz definieren, der

dann dem Lastenheft beigelegt wird. Die Korrektur bzw. der Zusatz ist natürlich von beiden Projektpartnern wieder zu unterzeichnen.
- **Vermeiden Sie Projektinflation.**

Das wichtigste ist aber:
Prüfen Sie die Planungsdaten regelmäßig und passen Sie die Planungen an den tatsächlichen Projektfortschritt an. Reagieren sie beim ersten Anzeichen, dass der Plan auszureißen beginnt (Ressourcenaufbau, längere Arbeitszeit, eventuell auch Minimierung des Leistungsumfanges,..) Sie unterstützen damit die Termintreue Ihres Partners und sie kommen **termingerecht mit dem Produkt auf den Markt.**

2.10. Die Entwicklung Ihrer Elektronik beim Partner

Sie haben den Entwicklungsauftrag erteilt und Ihr Partner beginnt mit der Produktrealisierung. Der perfekte Ablauf für die Entwicklung würde sich so gestalten, dass Sie den Auftrag vergeben, Ihr Partner erarbeitet aus den Vorgaben des Lastenheftes das Produkt und zum definierten Zeitpunkt erhalten Sie das fertig entwickelte Produkt. In der Praxis läuft dies üblicherweise aber nicht so glatt. Auch während der Entwicklung von elektronischen Systemen sind technische Klärungen notwendig, Planungen anzupassen, Änderungen zu dokumentieren und der Ablauf der Entwicklung zu dokumentieren.

Sie können auch in dieser Phase die Qualität der Produktentwicklung und damit die Qualität des Produktes selbst mit beeinflussen, indem Sie unterstützend für Ihren Partner wirken. Führen Sie folgende Aufgaben aus bzw. fordern Sie von Ihrem Partner folgende Dinge:

2 Die Entwicklung eines elektr. Produktes

- Fordern Sie regelmäßige Reports über den Entwicklungsfortschritt. (z.B. wöchentlich, 14tägig...). Damit erkennen Sie den Entwicklungsfortschritt und Sie bleiben am Ball.
- Achten Sie auf die Zeitplanung:
  Unterstützen Sie Ihn bei der Einhaltung seines Zeitplans. Helfen Sie dem Entwickler bei der Vermeidung von Bad Multitasking. Verursachen Sie keine Projekt- oder Funktionsinflation usw. (siehe Kapitel 2.9). Tun sie es nicht, seien sie sich der Konsequenzen bewusst!
- Regelmäßig sind auch Sie als Auftraggeber gefordert, Informationen zu liefern oder Freigaben zu machen. Haben Sie dafür Termine definiert, halten Sie diese unbedingt ein. Das ist Ihre Verantwortung! Ich habe es nicht selten erlebt, dass der Auftraggeber an der Zeitplanverfehlung eigentlich schuld war, weil er seine Hausaufgaben nicht machte. Manchmal war es auch so, dass der Auftraggeber im Nachhinein das nicht einmal eingesehen hat. Ich frage Sie einfach: „Wie können Sie als Auftraggeber Termintreue von Ihrem Partner erwarten, wenn Sie selbst Termine nicht einhalten?".
- Dokumentieren Sie Besprechungen, Vereinbarungen, Entscheidungen, Änderungen.
- Ändern sich Anforderungen, so ändern, löschen bzw. erweitern sie dahingehend diese im Lastenheft und lassen Sie es erneut abzeichnen.
- ...

Abhängig von der Komplexität der Produktentwicklung ist es absolut zu empfehlen, dass Sie während des Produktentwicklungsprozesses sich immer wieder treffen und den Entwicklungsstatus besprechen. Sie sollten auch im Projektplan (Zeitplan) sogenannte Haltepunkte (Meilensteine) definieren. An diesen Punkten

2 Die Entwicklung eines elektr. Produktes

- bespricht man den Entwicklungsfortschritt
- bewertet und verifiziert die bereits erledigten Aufgaben
- entscheidet über die Fortführung oder den Stopp des Projektes

Damit sind sie voll über den Stand der Arbeit bei Ihrem Partner informiert und können entsprechend auch in Ihrem Unternehmen die Terminschiene an die weiteren Fachabteilungen jederzeit kommunizieren. Wichtiger ist es aber noch, Ihren Entwicklungspartner zu unterstützen und Ihn keinesfalls bei seiner Tätigkeit zu behindern. Entwicklung ist nicht gleichzusetzen mit Konstruktion. Entwicklungen zeigen viele Unwegbarkeiten, nicht alles ist im Vorfeld zu erfassen, man trifft auf technische Schwierigkeiten oder man hat sich in der Umsetzungszeit für eine Funktion verschätzt. Das alles ist nur dann vernünftig und erfolgreich zu bewältigen, wenn sich Auftraggeber und Auftragnehmer (Entwicklungspartner) gegenseitig unterstützen und **miteinander** das Entwicklungsprojekt abarbeiten.

Erwarten Sie also nicht, dass Sie einen Entwicklungsauftrag vergeben, und Sie dann wochenlang nichts zu tun haben, bis Sie das Realisat (z.B. erster Prototyp) in Händen halten.

Würden Sie dies erwarten und auch so vorgehen, wären Sie selbst auch in hohem Maße mit Schuld, wenn am Ende das Projekt schief geht!

2.11. Der erste Prototyp

Nach Abschluss der ersten Entwicklungsphase wird Ihnen Ihr Partner eine definierte Anzahl von Prototypen liefern (Hardware und/oder Software). Meist erfolgt die Lieferung in Form einer persönlichen Übergabe. Die Prototypen sind bereits vom Entwickler vorgetestet und entsprechen in Ausführung und

Funktion **seiner Interpretation** der Vorgaben aus dem Lastenheft. Prototypen sind aber auch die erste realisierte Version des elektronischen Produktes. Ihre Produktidee liegt nun realisiert vor Ihnen. Regelmäßig beinhaltet diese erste Version noch Schwachstellen und auch Fehler. Erwarten Sie nicht, dass die ersten Prototypen fehlerfrei sind.

Nachdem Sie nun die Prototypen in Händen halten, sind diese einem strukturierten Testprozess zu unterziehen, um möglichst alle Fehler, Schwachstellen und Unschönheiten aus dem Produkt herauszuarbeiten. Zweifellos ist auch der Entwickler noch gefordert weiter zu testen und das Produkt auf Serienreife zu trimmen.

Die **Verifizierung** auf Übereinstimmung mit den Vorgaben des Lastenheftes und auch die Prüfung auf Feldtauglichkeit obliegt aber Ihnen als Auftraggeber. **Sie sind dafür verantwortlich!**

2.12. Die Testphase des Prototypen

Wie die Prototypen zu testen sind, haben Sie grundsätzlich bereits im Lastenheft definiert. Dort haben Sie auch festgehalten, wann das Produkt als fertig getestet gilt. Die in diesem Kapitel genannten Prüfschritte sind quasi „Baumusterprüfungen". Damit meine ich, dass Sie hier die Eigenschaften des entwickelten Produktes hinsichtlich Übereinstimmung mit dem Lastenheft abprüfen. Diese Prüfungen sind bei der Serienfertigung der elektronischen Baugruppen nicht mehr notwendig.

Starten Sie nun der Reihe nach mit den einzelnen Testphasen:
- funktionale Prüfungen im Labor
- Umweltprüfungen (falls nicht beim Entwickler beauftragt)

2 Die Entwicklung eines elektr. Produktes

- EMV- Prüfung (falls nicht beim Entwickler beauftragt)
- sonstige Prüfungen
- Feldtest

Alle Testschritte sind zu dokumentieren! Schreiben Sie bzw. fordern Sie detaillierte Testprotokolle von Ihren Mitarbeitern, Testpartnern, Prüfstellen usw.

2.12.1 funktionale Prüfungen im Labor

Diese Art der Prüfung läuft bei Ihnen im Haus (im „Labor"). Sie bauen die erhaltenen Prototypen in Ihr Produkt ein und testen die einzelnen Funktionen lt. Lastenheft durch und dokumentieren dies. Bei der Durchführung der Prüfungen sollten Sie immer im Hinterkopf haben, dass die Systeme noch fehlerhaft sein können. **Prüfen Sie also eine Funktion, die, bei einer fehlerhaften Ausführung Gefahr für den Benutzer (Prüfer) bedeuten kann, immer mit der notwendigen Vorsicht und mit entsprechenden Schutzvorkehrungen!**

Es kann unter Umständen auch notwendig sein, dass Sie zur vollständigen Verifizierung der Funktionen Prüfaufbauten anfertigen müssen. Oft scheuen Auftraggeber dies und errichten diese Prüfanlagen nicht, weil der Aufwand zu groß erscheint. Sie verzichten dann auf einen kompletten Test der Prototypen und nehmen das Risiko eines nicht erkannten Fehlers in Kauf. Ich rate Ihnen diese Prüfaufbauten auf jeden Fall zu bauen. Sie brauchen diese später auch immer wieder, beispielsweise um Feldausfälle zu rekonstruieren. Investitionen in diese Prüfaufbauten sind keinesfalls rausgeschmissenes Geld.

2 Die Entwicklung eines elektr. Produktes

Im Prüfschritt „**funktionale Prüfungen**" verifizieren Sie die Erfüllung der grundsätzlichen Vorgaben der funktionalen Eigenschaften des Produktes laut Lastenheft. Umwelt- und Feldparameter sind hier noch nicht berücksichtigt, sondern werden in einem nachfolgenden, gesonderten Prüfschritt verifiziert. Endanwender sind noch nicht beizuziehen. Für diese gibt es dann einen eigenen Feldeinsatztest.

Es empfiehlt sich für diese erste Prüfaufgabe aus dem Lastenheft eine Prüfspezifikation zu erarbeiten. Bevor Sie mit der Prüfung beginnen, sollten Sie sich überlegen, welche Prüfschritte sie der Reihe nach machen. Auch eine Prioritätenreihung ist hier sinnvoll. So kann man zielgerichteter die Tests positiv abschließen, Auffälligkeiten werden besser dokumentiert und es wird weniger übersehen.

Beispiel für die Prüfungsdokumentation (Testfall)
Für die Funktionsprüfung wird aus dem Lastenheft ein Prüfprotokoll erarbeitet. Hier habe ich nun ein Beispiel, das zeigt, wie das erarbeitete Prüfprotokoll aussehen kann. Dabei zeige ich zuerst den Passus im Lastenheft, der die Funktion beschreibt, und anschließend die dafür notwendigen Prüfschritte, um sicher zu gehen, dass die Funktion auch ordnungsgemäß funktioniert.

2 Die Entwicklung eines elektr. Produktes

Beispiel : Beschreibung einer Funktion:

Produkt: Fingerscanner

Im Lastenheft wird folgende Funktion beschrieben:

Kapitel 10.1 Speicherorganisationen:

Ein Fingerscanner kann 99 Fingerbilder speichern. Die Fingerbilder müssen dabei einem Benutzer zugewiesen werden. Jedem Benutzer können maximal 9 Fingerbilder zugewiesen werden. Das heißt ich kann

- von 10 Benutzern jeweils 9 Fingerbilder oder
- von 99 Benutzer jeweils nur ein Fingerbild speichern
- Jede Mischform ist auch möglich

Das Maximum von 99 Fingerbildern begrenzt die mögliche Benutzer und Fingerbildanzahl pro Benutzer. Wird die maximale Fingerbildanzahl am Fingerscanner von 99 überschritten erfolgt die Meldung „zu viele Fingerbilder" am LCD-Display.

2 Die Entwicklung eines elektr. Produktes

Auszug Prüfprotokoll für Kapitel 10.1:

Kapitel Lastenheft	Prüf- schritt	Prüfschritt Beschreibung	OK	NOK	Bemerkung
10.1 Speicher- organisation	1	Werkseinstellung hergestellt. Kein Fingerbild gespeichert			
	2	von 11 Benutzer jeweils 9 Fingerbilder speichern			
	3	Bei 12. Benutzer Fingerbild speichern. Erscheint die Meldung „zu viele Fingerbilder"?			
	4	Fingerbild des 12. Benutzers wurde nicht gespeichert			
	5	Alle Finger löschen bzw. Werkseinstellung herstellen			
	6	99 Benutzer und für jeden Benutzer 1 Fingerbild aufnehmen			
	7	Bei Benutzer 1 beginnen und jeweils ein 2. Fingerbild aufnehmen. Erscheint die Meldung „zu viele Fingerbilder"?			
	8	Punkt für Benutzer 2-99 wiederholen. Erscheint jeweils die Meldung „zu viele Fingerbilder"?			
	9	Alle Finger löschen bzw. Werkseinstellung herstellen			
	10	Jede Mischform herstellen -> mindestens 5 Varianten z.B. von 12 Benutzern 6 Fingerbilder, von 3 Benutzern 5 Fingerbilder und von 12 Benutzern 1 Fingerbild. Erscheint jeweils bei überschreiten der Fingerbildanzahl 99 die Fehlermeldung „zu viele Finger			

Tabelle 3: Auszug aus Prüfprotokoll

2 Die Entwicklung eines elektr. Produktes

In den **Prüfschritten 1-8** werden jeweils die Extremwerte
- 99 Benutzer 1 Fingerbild bzw.
- 10 Benutzer 9 Fingerbilder

abgeprüft. Damit weiß man, dass die Grenzwerte passen.
Prüfschritt 10 zeigt dann, ob die Berechnung auch bei Mischformen von Benutzer und Fingerbildanzahl funktioniert. Mischformen würden wohl unendlich viele existieren. Der Zeitaufwand, das alles nachzuprüfen wäre enorm und der Einsatz dieser Zeit ist auch nicht zielführend. Man beschränkt sich daher auf maximal 5 Varianten. Damit prüft man nach, ob die Berechnung der Fingeranzahl stimmt und folgert dann daraus, dass dies für alle weiteren Kombinationen von Benutzer und Fingerbildanzahl auch passt.

Folgende Prüfbereiche sollte Ihr funktionaler Test beinhalten:

mechanische Prüfungen
Abmessungen, Einbausituation, Montage usw. sind meist die ersten Parameter die verifiziert werden. Prüfen Sie diese genau nach und dokumentieren Sie die Mess- und Prüfergebnisse. Muss die elektronische Baugruppe auch noch in Ihrem Gerät verkabelt werden, so betrachten Sie auch dies mit. Ganz besonders sollten Sie für diese Prüfungen auch Verantwortliche und Mitarbeiter beiziehen, die den Einbau und die Verkabelung dann später in der Serienproduktion vornehmen werden.

Funktionstest laut Lastenheft (Anforderungsspezifikation): Testen Sie alle Funktionen schrittweise lt. Lastenheft durch und dokumentieren Sie die gemachten Erfahrungen, Erfüllung der Funktion (evtl. auch Erfüllungsgrad), „Unschönheiten" und natürlich Ausfälle und Fehlfunktionen.

2 Die Entwicklung eines elektr. Produktes

Lasttest: Versuchen Sie das System, soweit es Ihnen möglich ist, an Lastgrenzen zu treiben. Haben Sie z.b. einen Versorgungsspannungsbereich von 230V+-10% vorgegeben, dann testen Sie das System bei 230V+10% = 253V und bei 230V-10% = 207V. Nehmen wir wieder das Beispiel für den Wasserzähler mit Datenfernübertragung. Kann man dort z.b. das Intervall der Datenübertragung zwischen 1min und 3 Tage einstellen, so testen Sie auch mit den beiden Grenzwerten und prüfen Sie, ob wirklich alle Daten bei 1min und bei 3Tage Übertragungsintervall gesendet und in der Zentrale empfangen werden.

Prüfung durch „Laien": Lassen Sie das Produkt durch einen „Laien" in Ihrem Unternehmen testen. Damit meine ich aber einen Mitarbeiter der schon technisches Verständnis hat und auch für die Durchführung der Testprozeduren ausgebildet ist, aber eben mit dem Produkt noch nichts zu tun hatte. Hier können Sie auch schon, falls die Bedienungsanleitung fertig ist, nach dieser prüfen lassen. Sie erhalten so Hinweise, wo die Anleitung noch verbessert oder erweitert werden muss. (Achtung: Ausbildung des Mitarbeiters! Vorsicht: Gefahren durch elektrischen Strom!)

DAU-Test
DAU = dümmster anzunehmender User. Testen Sie das System, so als würden Sie das System nicht kennen und bedienen Sie es nicht den Vorgaben bzw. der Beschreibung entsprechend. So erhalten Sie gute Hinweise zur Stabilität des Gesamtsystems.

Binden Sie Projektteilhaber in Ihrem Unternehmen in den Test ein
Muss Ihr Fertigungsleiter sich in Zukunft bei der Serienproduktion um den Einbau der Elektronik in Ihr Zielsystem kümmern, so lassen Sie Ihm bereits

2 Die Entwicklung eines elektr. Produktes

jetzt die Möglichkeit seine Beurteilung zu machen. Lassen Sie diese Mitarbeiter beim Test mitarbeiten bzw. Tests auch durchführen. Wird Ihr Produkt durch Servicemitarbeiter im Feld in Betrieb genommen, binden Sie auch diese Mitarbeiter in die Testprozeduren mit ein.

Sie haben durch diese vertrauensbildende Maßnahme dann nachher sicher weniger Schwierigkeiten, das Produkt im Unternehmen in Serie einzuführen. Die Mitarbeiter werden Sie unterstützen. Außerdem kann man dieses Einbeziehen der Mitarbeiter auch als zusätzliche Feldtauglichkeitsprüfung betrachten.

Ausfallprüfung

Abschließend kann es auch Sinn machen über die Grenzen der spezifizierten Anforderungen zu testen. Sie bekommen damit ein Gefühl, wann das System ausfällt, und dies kann dann speziell bei Fehlverhalten der Kunden im Feld viel an Nutzen bringen. Beispielsweise könnten Sie die Versorgungsspannung soweit minimieren, bis das System ausfällt. ACHTUNG! Ausfallprüfungen können auch zerstörend sein. Das heißt, bestimmte Tests können dazu führen, dass das Produkt nach der Prüfung nicht mehr funktioniert.

Testiterationen

Abhängig von der Komplexität des Produktes sind oft eine oder mehrere Iterationen notwendig. Das heißt die Testphase wird zwei oder mehrmals durchlaufen. Gerade bei Geräten mit eingebetteter Software kommt das doch des Öfteren vor. Oft ist es auch gar nicht so einfach festzulegen, wann ein Produkt fertig getestet und damit serienreif ist. Aus diesem Grund sollten Sie im Lastenheft bereits definieren:

- bei welchen Bedingungen Tests abgebrochen werden
- wann die Tests als für positiv abgeschlossen erklärt werden

2 Die Entwicklung eines elektr. Produktes

Um diese Definition aber auch gut beschreiben zu können, sollten Sie versuchen Fehler zu klassifizieren. Die Klassifizierung könnte beispielsweise so aussehen:

- **Blocker:** Ein Fehler der zum Absturz des Systems führt und ein Weiterarbeiten in der Testprozedur unmöglich macht. Tritt ein solcher Fehler auf, ist der Test sofort zu beenden. Es kann erst wieder mit dem Test begonnen werden, wenn der Fehler behoben ist.
  z.B. während der Bedienung stürzt das Gerät ab, und kann erst wieder nach dem Stromlosschalten in Betrieb genommen werden.

- **Schwere Fehler:** sind Fehler am Gerät selbst, welche bei Gebrauch des Gerätes auftreten und eine Freigabe zur Serienlieferung nicht zulassen. Solche Fehler bedingen aber nicht, dass Sie die Tests beenden. Sie können die Tests fortsetzen, können aber nicht das gesamte System fertig testen.
  z.B.: Sie ändern Parameter im Menü des Gerätes, welche erhalten bleiben sollen. Nachdem Sie das Produkt für kurze Zeit stromlos gemacht haben, sind die Parameter wieder auf Werkseinstellung. Die von Ihnen gemachten Eingaben sind verworfen worden.

- **Leichte Fehler:** sind Fehler, die für die Freigabe grundsätzlich behoben werden müssen. Sie behindern den Testfortschritt aber in keinster Weise.
  z.B. in der Menüführung sind Tastenfunktionen vertauscht.

- **Unschönheiten:** Sind eben keine Fehler, sondern Ausführungen, die man als unschön oder umständlich empfindet. Unschönheiten behindern die Freigabe des Produktes nicht. z.B. Texte in der Menüführung, auch teilweise Rechtschreibfehler im Menütext

2 Die Entwicklung eines elektr. Produktes

Mit dieser Fehlerklassifizierung erreichen Sie automatisch auch eine Priorisierung der Fehlerfälle. Damit weiß Ihr Entwickler, welche Fehler er vorrangig bearbeiten muss. Die Fehlerklassifizierung kann dann auch als Basis für den Testabschluss dienen. Sie müssen irgendwann den Test abschließen und das Gerät / Produkt als freigegeben betrachten. Wann das ist, ist oft gar nicht so leicht festzustellen. Die Fehlerklassifizierung hilft da schon etwas. Beispielsweise könnten die Bedingungen für den Testabschluss und die Abnahme der elektronischen Baugruppe dann so aussehen:

Die Tests der elektronischen Baugruppe gelten als abgeschlossen, wenn folgende Bedingungen erfüllt sind:

funktionale Prüfung	Es sind alle **Blocker, schweren Fehler** und **die leichten Fehler** abgearbeitet
EMV-Test	EMV- Konformität ist von akkreditierter Prüfstelle bescheinigt
Umweltprüfungen	Temperaturprüfung, mechanische Belastungen und sind positiv abgeschlossen
Feldtest	Feldtestresumee ist positiv

Tabelle 2: Bedingungen des Testabschlusses

Diese Bedingungen sollten Sie bereits, wie oben erwähnt, im Lastenheft darstellen, inklusive der Fehlerklassifizierung. Wobei Sie diese natürlich für sich weiter verfeinern können.

Abschluss der funktionalen Prüfungen

Am Ende der funktionalen Prüfungen werden Sie das Prüfprotokoll dem Partner (Entwickler) zusenden. Ist alles in Ordnung, können Sie direkt mit den weiteren Testschritten wie Umweltprüfungen, Feldtest usw. fortfahren. Gibt es aber Abweichungen zum Lastenheft, müssen Sie vorab entscheiden, ob es Sinn macht, die Folgeprüfungen zu starten. Sie müssen mit Ihrem Entwickler die Abweichungen zum Lastenheft bewerten und dann die weitere

2 Die Entwicklung eines elektr. Produktes

Vorgehensweise definieren. Genau aus diesem Grund der möglichen Abweichungen wäre es auch sinnvoll die Prüfschritte

– funktionale Prüfungen – Umweltprüfungen – Feldtest –

in dieser Reihenfolge abzuarbeiten. Es ist aber auch klar, dass die Testreihenfolge aus Termin-, Kosten- und Ressourcengründen nicht immer so eingehalten werden kann. Sie müssen eben das Risiko mit Ihrem Partner abstimmen um nicht einen Prüflauf umsonst zu machen. Das kostet ja auch Geld.

2.12.2 Umweltprüfungen

Nach Abschluss der funktionalen Tests im Labor können nun die Umweltprüfungen durchgeführt werden. Umweltprüfungen beziehen sich auf:

- elektromagnetische Verträglichkeit (Siehe Kapitel 2.12.3)
- Temperatur / Klima (feuchte Wärme, trockene Wärme, Kälte,...)
- Schutzart (Wasser, mechanische Teile, Staub)
- mechanische Belastungen (Vibration, Schock)
- UV-Belastung
- Pilzbefall
- Strahlung (UV,...)
- .....

Nicht alle diese Umweltprüfungen sind notwendig. Die Anforderungen an Ihr Produkt (Normen, Gesetze, Einbauort,...) zeigen, welche Prüfungen sie machen müssen. Unter Umständen sind Umweltprüfungen überhaupt nicht gefordert. Dazu gibt es aber etwas später noch eine Anmerkung meinerseits.

Einige der Prüfungen können auch schon parallel zu den funktionalen Prüfungen beginnen. Für die Prüfungen der elektromagnetischen Verträglichkeit beispielsweise, ist es unerheblich, ob jede Funktion vorhanden

2 Die Entwicklung eines elektr. Produktes

ist. Meist führt auch nicht der Auftraggeber, also Sie, die Prüfungen durch. Sie werden vom Entwickler organisiert und abgearbeitet und sind Teil des Entwicklungsauftrages. Wobei durchführen wohl der falsche Begriff ist. Die Prüfanlagen für Klimatests, mechanische Belastungen usw. sind extrem teuer. Kaum ein Entwicklungslabor beinhaltet deshalb derartige Ausrüstungen. Man bedient sich hier üblicherweise der Hilfe von Prüfstellen wie TÜV Österreich, Fa. Senton (Straubing), Forschungszentrum Seibersdorf usw. die entsprechende Prüfanlagen betreiben und akkreditierte Prüfungen als Dienstleistung am Markt anbieten.

Die notwendigen Prüfungen sind, wie schon erwähnt, wesentlich davon abhängig, in welchem Einsatzgebiet (Industrie, Haushalt, Militär, Medizin, Automobilindustrie,...) das Endprodukt betrieben wird, bzw. welche Vorgaben Normen in verschiedenen Anwendungsbereichen definieren. Diese Vorgaben sollten Sie unbedingt, wie schon in Kapitel 2.4 beschrieben, ins Lastenheft einarbeiten und dann akkreditierten Prüfungen unterziehen.

Zu klären ist auch noch vorab, in welcher Ausführung des Prüflings die Prüfungen gemacht werden. Üblicherweise erfolgen die Prüfungen im fertig verbauten Zustand. Bei unserem Wasserzähler würde es bedeuten, dass die Elektronik in den Zähler eingebaut wird und dann die einzelnen Prüfschritte abgearbeitet werden. In manchen Bereichen kann es aber auch Sinn machen die Elektronik alleine zu testen und zu zertifizieren. Zum Beispiel, wenn die Elektronik nicht in einem Gerät verbaut wird, sondern in Anlagen, deren Ausführung sich von Auftrag zu Auftrag unterscheiden (kundenspezifische Systeme wie z.B. Produktionsanlagen).

2 Die Entwicklung eines elektr. Produktes

Es gibt hier keine generelle Vorgehensweise. Klären Sie diese Themen mit Ihrem Entwickler oder auch mit akkreditierten Prüfinstituten. Die haben einen guten Überblick über die Notwendigkeiten in Zertifizierungsprozessen. Gibt es für Ihr elektronisches System **keine** normativen Vorgaben hinsichtlich Umweltprüfungen, so legen ich Ihnen die Norm EN60068 ans Herz. Die Norm ist zwar sehr umfangreich und liefert Ihnen Prüfvorgaben für Temperatur, mechanische Belastung usw. aber sie ist auch in der Elektronikbranche weitgehend bekannt und für Elektronikentwickler keine Wissenshürde.

Tabelle 4 zeigt einen Auszug der Liste an einzelnen Prüfinhalten innerhalb der EN60068:

EN 60068-2-6	Sinusschwingen
EN 60068-2-27	Schock
EN 60068-2-29	Dauerschocken
EN 60068-2-64	Breitbandrauschen
EN 60068-2-80	Sine on Random
EN 60068-2-42	Schadgas SO2
EN 60068-2-14Nb	Temperatur-Wechseltest
EN 60068-2-14Na; Nc	Temperatur Schock
EN 60068-2-1	Kälte
EN 60068-2-2	Wärme
EN 60068-2-5	Sonnensimulation
EN 60068-2-30	Feuchte Wärme, zyklisch
EN 60068-2-78	Feuchte Wärme, konstant
EN 60068-2-38	Feuchte Wärme, Kälte, zyklisch
EN 60068-2-52	Salznebel, zyklisch

Tabelle 4: Auszug der Liste an Prüfbereichen innerhalb der EN60068

2 Die Entwicklung eines elektr. Produktes

Folgende Prüfungen sollten sie davon unbedingt durchführen:

Umweltprüfung Temperatur

- Feuchte Wärme (zyklisch) EN60068-2-30
- Feuchte Wärme (konstant) EN60068-2-78
- Kälte EN60068-2-1

Zusätzlich die Schutzart-Prüfung nach EN60529 (ist nicht Teil der EN60068)

- Schutz gegen Wasser und Berührung (IPXX) = Schutzart nach DIN 40050 bzw. EN60529

Temperatur, Wasser und Berührung gehören zu den wesentlichsten Einflussfaktoren auf elektronische Systeme. Prüfen Sie unbedingt, ob Ihr elektronisches System innerhalb der definierten Grenzen einwandfrei funktioniert.

Wird Ihr elektronisches Produkt im Feld bewegt oder wird es auf beweglichen Teilen montiert, ist auf jeden Fall auch die Prüfung nach

- mechanische Vibration – Sinus: EN60068-2-6
- mechanische Belastung - Schock: EN60068-2-27

durchzuführen.

Diese Prüfungen sehe ich im Hinblick auf die Stabilität des elektronischen Systems im Feld als Mindestanforderungen. Das heißt, jedes elektronische System sollte hinsichtlich Resistenz gegen diese Umwelteinflüsse getestet werden, unabhängig davon, ob Normen und Gesetze dies fordern oder nicht.

Die Grenzwerte bzw. Prüfparameter müssen Sie für die einzelnen Prüfungen definieren. Machen Sie diese Definition in Zusammenarbeit mit Ihrem Partner und den Prüfinstituten bereits bei der Lastenhefterstellung.

2 Die Entwicklung eines elektr. Produktes

Achten Sie bei den einzelnen Prüfschritten auch darauf, dass der Funktionszustand des Prüflings den „worst case" (schlechtesten Fall) darstellt.

Beispiel „worst case"

Eine hohe Stromaufnahme bedeutet Erwärmung des Systems. Prüfen Sie die Funktion bei maximaler Temperatur, sorgen Sie auch dafür, dass die Systemteile auf maximaler Eigentemperatur arbeiten. Bei der Prüfung auf Kälte ist dies dann umgekehrt zu sehen.

Beispiel für eine „Prüfparameterdefinition"

Ihr System ist für einen Temperaturbereich von -20 bis +70°C und einer maximalen Luftfeuchtigkeit von 90%rel entwickelt worden. So könnten z.B. folgende Prüfparameter gelten:

- **Feuchte Wärme (konstant) EN 60068-2-78** : 70°C / 95%rel für 48h
  - Ausgangsstufen bei maximaler Last betreiben
  - Funktion des Gerätes ist stündlich zu prüfen
- **Kälte EN60068-2-1:** -20°C für 48h
  - Ausgangsstufen bei Minimallast betreiben
  - Funktion des Gerätes ist stündlich zu prüfen.

Fünf Prüflinge, kein Prüfling darf während des Prüflaufes ausfallen.

2.12.3 Elektromagnetische Verträglichkeit

Jedes elektrische oder elektronische Gerät oder System emittiert während seines Betriebes elektrische bzw. elektromagnetische Felder. Grundsätzlich merken Sie dies nicht. Menschen haben keinen Sinn diese Strahlung zu spüren. Nein, eigentlich stimmt das nicht! Mit unseren Augen können wir elektromagnetische Strahlung erfassen. Licht ist nämlich auch nichts anderes. Wir sehen aber nur einen sehr eingeschränkten Frequenzbereich der

2 Die Entwicklung eines elektr. Produktes

Strahlung, welchen wir als sichtbares Licht bezeichnen. Wärme (sogenannte Infrarotstrahlung) ist auch elektromagnetische Strahlung. Diese Strahlung spüren wir. Die anderen Frequenzbereiche spüren wir nicht. Manchmal ist die Abstrahlung dieser elektrischen bzw. elektromagnetischen Strahlung bei elektronischen Geräten auch erwünscht. Beispielsweise übertragen Mobiltelefone Ihre Gespräche mittels elektromagnetischer Strahlung zu den Sendemasten und letztlich zu Ihrem Gesprächspartner. Jedes elektrische Gerät emittiert also erwünschte und/oder unerwünschte elektromagnetische Strahlung. Nachdem Geräte Strahlung emittieren, können Sie auch Strahlung aus Ihrem Umfeld aufnehmen. Das kann man vergleichen mit einer Funkantenne. Amateurfunker senden und empfangen die Funksignale über eine Antenne. Das Aufnehmen dieser Strahlung führt zur Beeinflussung der Stromflüsse und Spannungspotentiale innerhalb des elektronischen Systems. Im schlimmsten Fall können diese Einflüsse dann zu Fehlfunktionen oder zum Totalausfall des Systems führen. Um dies zu verhindern, gibt es mittlerweile weltweit gesetzliche Regelungen, die einerseits einen Pegel der maximal erlaubten Abstrahlung von elektromagnetischen Feldern definieren, andererseits ist aber auch geregelt, **wie resistent, wie störfest**, eine Elektronik gegen elektromagnetische Strahlung sein muss. Zusammengefasst nennt man dies die **elektromagnetische Verträglichkeit** des Systems.

Die minimale Störfestigkeit gegen und die maximale Abstrahlung von elektromagnetischen Felder sind in der EMV-Richtlinie (Richtline 2004/108/EG) und den dort genannten harmonisierten Normen definiert.

Mit anderen Worten kennzeichnet also **Elektromagnetische Verträglichkeit** (EMV) den üblicherweise erwünschten Zustand, dass technische Geräte einander nicht wechselseitig mittels ungewollter elektrischer oder elektromagnetischer Effekte störend beeinflussen. Sie behandelt technische

2 Die Entwicklung eines elektr. Produktes

und rechtliche Fragen der ungewollten wechselseitigen Beeinflussung in der Elektrotechnik / Elektronik. Dabei wird einerseits geprüft, welche Störfelder die Systeme absenden und anderseits, welche Resistenz das elektronische System gegen Störfelder von außen aufweist.

Elektronische Systeme sind grundsätzlich auf deren **elektromagnetische Verträglichkeit** zu prüfen. Diese Prüfung ist lt. CE-Richtlinie und EMV-Richtlinie (z.B. Richtline 2004/108/EG) vorgeschrieben. Diese, das System beeinflussenden Umweltparamater und die damit verbunden Prüfungen, machen elektronische Systeme so anders. Für „Laien" sind diese Umwelteinflüsse sehr schwer zu verstehen.

Nicht konforme und wenig resistente elektronische Systeme gegen elektromagnetische Strahlung produzieren im Feld oft hohe Ausfallraten. Das problematische dabei ist, das die Ausfälle oft an den Montageort gebunden sind. Das heißt, montieren Sie das System um oder holen Sie es aus dem Feld ins Labor, könnte es einwandfrei funktionieren. Auch zeitlich könnte der Ausfall beschränkt sein. Das System könnte wochenlang funktionieren und dann auf einmal ausfallen. Solche „Fehler" sind dann sehr, sehr schwer zu finden und verschlingen viel an Zeit und Geld. Nehmen Sie diese Konformitätsprüfungen also nicht auf die leichte Schulter. Beraten Sie sich hier unbedingt mit einem akkreditierten Prüfinstitut und erarbeiten Sie die Rahmenbedingungen, Prüfparameter für die Prüfung Ihres Produktes auf elektromagnetische Verträglichkeit. Üblicherweise wissen aber auch die Entwickler über die relevanten Normen sehr gut Bescheid, weil Sie einfach mit jedem Produkt, welches sie entwickeln, diese Prüfung machen müssen. Es ist auch zu empfehlen, dass Sie die Prüfung vom Entwickler direkt organisieren und begleiten lassen.

2 Die Entwicklung eines elektr. Produktes

Kommt es nämlich zu Problemen während der Prüfung, kann der Entwickler sofort Maßnahmen treffen, die das Prüfergebnis zum Positiven beeinflussen. Als Elektronik-Laie ist das Thema sehr schwierig bis kaum zu bewältigen.

Die Kosten für diese Prüfungen sind bei akkreditierten Prüfinstituten nicht unerheblich. Deshalb macht es manchmal auch Sinn, Vorprüfungen bei einem nicht akkreditierten Prüfinstitut durchführen zu lassen. Dort trimmt man das System dann auf EMV-Konformität. Diese Vorprüfungen können Sie mit den Prototypen machen. Endgültige Konformität lassen Sie dann bei einem akkreditierten Prüfinstitut bescheinigen.

Grundsätzlich sieht die Norm auch vor diese Prüfung eingeschränkt, ohne Messungen zu machen und die Konformität des Produktes hinsichtlich elektromagnetischer Verträglichkeit durch eine technische Dokumentation zu lösen. Weiters müssen Sie die elektromagnetische Verträglichkeit nicht nachweisen, sondern es ist laut EU-Gesetz so geregelt, dass der Nachweis einer Nichtkonformität durch z.B. einen Mitbewerber zu führen wäre. Nur dann hätten Sie grundsätzlich ein Rechtsproblem.

Also warum dann prüfen?

Das hört sich ja so an, also kann eh nichts passieren. Manche Anbieter denken auch wirklich so, machen keine EMV-Prüfungen und stellen ein Konformitätszertifikat aus. Nebst dem, dass Sie trotzdem gegen eine Richtlinie verstoßen könnten, besteht, wie schon oben erwähnt, auch das Risiko eines nicht stabilen Feldbetriebes Ihres Produktes aufgrund hoher Störanfälligkeit gegen elektromagnetische Störgrößen. Und genau das betrifft sie nun wirklich. Ist das System nicht stabil im Feld, werden Sie viele Ausfälle haben, viele Reklamationen und damit viel Geld verlieren.

2 Die Entwicklung eines elektr. Produktes

Prüfen Sie also unbedingt, und zwar aus folgenden Gründen:

- Ein System, das die Normen hinsichtlich elektromagnetischer Verträglichkeit erfüllt, ist stabil im Feldbetrieb. Sie werden sicher sehr viel weniger bis kaum Störfälle und Feldausfälle aus diesem Titel haben.
- Störungen des Systems aufgrund elektromagnetischer Einflüsse treten meist sporadisch und ohne Muster auf. Systeme funktionieren nach dem Störungseinfluss oft wieder einwandfrei. Die elektromagnetischen Einflüsse sind also selten zerstörend. Es wird dann schwierig nachzuweisen, ob ein Störfall durch elektromagnetische Unverträglichkeit oder auch beispielsweise durch einen Softwarefehler verursacht wurde. Sind Sie EMV-konform, so können Sie zwar nicht hundertprozentig ausschließen, dass der Systemausfall elektromagnetischen Ursprungs war, aber es ist doch eher unwahrscheinlich. Man wird damit gleich in der Software usw. suchen. Der Aufwand für die Fehlersuche minimiert sich.
- Ihr System könnte zwar einwandfrei funktionieren, aber elektromagnetische Felder abstrahlen, die außerhalb der Norm liegen, was wiederum zu einem Ausfall eines benachbarten fremden elektronischen Systems führen könnte. Da würden sich dann Haftungsfragen ergeben.
- Vertreiben Sie OEM-Produkte oder liefern Sie an Großhändler, so fordern diese Kunden sowieso die Konformitätserklärung und manchmal auch das Prüfprotokoll. Dann müssen Sie sowieso prüfen.

Achten Sie bei der Prüfung auf Ihre Produktdefinition. Sie müssen die Konformität für das Gesamtprodukt nachweisen, nicht für einzelne Teile. Als Beispiel. Sie bauen eine neue Elektronikeinheit in eine Maschine ein. Die Elektronik ist CE-Konform. Das heißt aber noch lange nicht, dass die komplette Maschine entspricht. Achten Sie in diesem Sinne klar auf die Definition Ihres Produktes!

Die Prüfung der elektromagnetischen Verträglichkeit differiert für verschiedene Weltmärkte. Es gibt nur eine Harmonisierung der Normen innerhalb der EU. Liefern Sie Ihre Produkte in Drittländer, so ist anzunehmen, dass Sie hier zusätzliche oder überhaupt abweichende Prüfanforderungen haben (z.B. bei Lieferungen in die USA). Klären Sie dies mit Ihrer akkreditierten Prüfstelle. Die Mitarbeiter dort können Ihnen sicher weiterhelfen.

Nach positivem Abschluss der Prüfungen ist Ihr Produkt konform der EMV-Richtlinie. Sie erhalten von der Prüfstelle ein Prüfprotokoll, welches die Konformität nach den harmonisierten Normen bescheinigt. Sie stellen dann die Konformitätserklärung aus. Die sie entweder dem Produkt als Ausdruck beilegen, in der Bedienungsanleitung mit einbauen oder auch als Download auf Ihrer Homepage zur Verfügung stellen können.

> Auf
> **www.electronic-consulting.at**
> finden Sie eine Vorlage zur Konformitätserklärung
> **CE_Konformität.doc**

2.12.4 sonstige Prüfungen

Abhängig von Ihrem Produkt sind unter Umständen weitere Prüfungen notwendig, wie

- Prüfung nach Niederspannungsrichtlinie
- Prüfung nach Maschinenrichtline

2 Die Entwicklung eines elektr. Produktes

- Prüfung nach Standby - Richtlinie
- Prüfung nach Sicherheitsrichtline
- usw.

Arbeiten Sie bzw. Ihr Entwickler dabei unbedingt mit entsprechenden Prüfstellen und Instituten zusammen. Sie kommen so sicher am schnellsten zum Ziel und können sich auch in einem doch erheblichen Maß rechtssicher fühlen. Zumindest haben Sie, wenn sie diese Prüfungen machen, nicht fahrlässig gehandelt. Unterliegt Ihr Produkt nämlich einer dieser Richtlinie, geht es meist um den Schutz und die Sicherheit von Personen. Da sollte man sich, aus meiner Sicht der Dinge, auf nichts einlassen.

Für jeden dieser weiteren Prüfgänge stellen Sie, nach positivem Abschluss und erhaltenem Prüfprotokoll samt Konformitätsbescheinigung, wieder Konformitätserklärungen aus.

2.12.5 Feldtest

Der letzte und einer der wichtigsten Testschritte ist der Feldtest. Dabei wird Ihr Produkt direkt an ausgewählte Kunden gegeben, die das Produkt nun testen sollen. Erstmals wird Ihr Produkt von Menschen bedient, die es in Zukunft verwenden werden.

Hier können Sie noch viele Probleme beseitigen wie

- eventuell umständliche Montage und Installationsanleitungen
- Menüführung vereinfachen
- Bedienungsanleitung anpassen
- uvm.

Es ist leider so, dass die Entwickler und Konstrukteure von Produkten „betriebsblind" werden und „Umständlichkeiten" und „Unschönheiten" oft nicht mehr erkennen. Diese Produkttestphase im Feld soll diese „Unqualität"

2 Die Entwicklung eines elektr. Produktes

minimieren bzw. beseitigen. Nebst dem wird das Produkt auch im tatsächlichen Zielumfeld erstmals betrieben. Die Stabilität des elektronischen Systems im Feld wird sich nun erstmals zeigen.

Achten Sie beim Feldtest auf folgende Themen:
- Feldtests müssen geplant werden und bedürfen einer entsprechenden Vorlaufzeit. Planen sie genau wer eine Feldteststellung (ein Feldtestgerät) erhält. Versuchen Sie einen repräsentativen Querschnitt (z.B. Industrieanwender – Heimanwender, ...) der Struktur Ihrer Zielkunden abzudecken.
- Schulen Sie die Kunden „Tester", wie Sie Fehlfunktionen / Unschönheiten melden und auf welche Rahmenbedingungen (Temperatur, Tageszeit,...) sie achten sollen. z.B. in Form von Informationsbeilagen
- Lassen Sie allen Testpartnern einen Abschlussbericht anfertigen (z.B. Fragebogen). Heute gibt es dafür auch interessante Online-Umfrageportale, die man dafür kostengünstig nutzen kann (z.B. www.onlineumfragen.de)

> Auf
> www.electronic-consulting.at
> finden Sie ein Beispiel für einen Feldtestfragebogen
> **Feldtest_Fragebogen.doc**

Wie lange der Feldtest dauern soll, müssen Sie definieren. Das ist auch vom Produkt abhängig. Wird ein Produkt (z.B. ein biometrischer Fingerscanner) nur 2mal am Tag bedient, sollte die Testdauer schon einige Wochen dauern. Bei einem Produkt das alle halbe Stunde verwendet wird, kann der Test auch nach wenigen Tagen beendet sein. Es gibt hier grundsätzlich keine Vorgaben.

2.12.6 Kommunikation mit dem Partner (Entwickler) während der Tests

Um möglichst alle Fehler und Unschönheiten aus dem Produkt zu eliminieren, ist es sehr wichtig, dass Ihr Entwickler auch alle Informationen zu den einzelnen Problemen erhält. Nur dann hat er die Möglichkeit, dies ordentlich zu bewerten und entsprechende Korrekturen an der richtigen Position zu setzen. Ich habe hier ein paar Hinweise für Sie im Umgang mit dem Partner, wie Fehlfunktionen, die im Zuge der Produkttests auftreten, zum Ihm kommuniziert werden sollten:

- Nehmen Sie jeden Fehler oder „Unschönheit" der gefunden wird, und sei er auch noch so trivial, ernst. Dokumentieren Sie diese(n) und melden Sie diese(n) an den Partner mit allen dazu verfügbaren Informationen.
- Wichtig ist auch dem Partner mitzuteilen, ob ein Fehler reproduzierbar ist, oder nur sporadisch auftritt. Speziell wenn Sie sporadisch auftretende Fehler haben, dokumentieren Sie genau, was Sie vorher gemacht haben, welche Bedingungen im Umfeld geherrscht haben usw. Sporadische Fehler sind oft sehr schwer zu finden. Hier ist Ihr Partner (Entwickler) einfach auf Ihre Daten angewiesen und aus meiner Sicht ist es auch Ihre Pflicht, sich hier wirklich intensiv einzubringen.
- Hinterfragen Sie bei jeder Fehlermeldung die Rahmenbedingungen (Temperatur, wer hat ihn entdeckt, wann genau wurde der Fehler entdeckt, welcher Betriebszustand....) und teilen Sie dies dem Entwickler mit.
- Tun Sie Fehlbedienungen durch Anwender nicht einfach als „Unfähigkeit oder Unwissen" ab, sondern überlegen Sie, warum diese Fehlbedienungen auftreten und ob man diese Fehlbedienung nicht

2 Die Entwicklung eines elektr. Produktes

verhindern kann. **Die Vermeidung von Fehlbedienungen ist ein direktes Qualitätsmerkmal Ihres Produktes!**.

- Bleiben Sie während der Testphase aktiv. Hinterfragen Sie beim Entwickler in regelmäßigen Abständen seinen Fortschritt bei der Fehlerbehebung und dokumentieren Sie die dabei erhaltenen Informationen.

Während der Feldtestphase hängt wirklich viel von Ihrer Konsequenz des Informationsmanagements ab. Sie entscheiden hier massiv über die endgültige Qualität des elektronischen Produktes. Der Entwickler ist hier nur reaktiv und auf Ihre Informationen angewiesen. Seien Sie sich dieser Situation bewusst und handeln Sie konsequent und genau.

2.12.7 Abschluss der Testphase

Der Test gilt als abgeschlossen, wenn die Anforderungen für den Testabschluss lt. Lastenheft erfüllt sind. Damit ist Ihr Produkt fertig. Sie können nun mit der Freigabe zur Serienfertigung beginnen.

2.13 Die abschließende Freigabe und Start der Serienfertigung

Am Ende der gesamten Testprozedur, während derer Sie

- die Erfüllung der funktionalen Anforderungen des Produktes lt. Lastenheft verifiziert
- Änderungen und Korrekturen am Produkt, Verbesserungen eingearbeitet
- Resistenz gegen Umwelteinflüsse festgestellt
- Konformität zu Normen hergestellt

haben, und am wichtigsten und elementarsten, die **Feldtauglichkeit** durch den Feldtest bei Ihren Kunden feststellen ließen, steht die Abnahme auf dem

2 Die Entwicklung eines elektr. Produktes

Programm. Sie als Auftraggeber erklären mit der Freigabe und Abnahme, dass das Produkt vollinhaltlich den Anforderungen lt. Lastenheft entspricht und es feldtauglich für die vorgesehene Betriebsumgebung ist.

Die Freigabe (Abnahme) eines Produktes ist ein elementarer Bestandteil des Projekt- bzw. Produktentwicklungsprozesses. Führen Sie Abnahmen (Freigaben) wirklich konsequent und akribisch durch. Diese schützen Sie weitgehend vor Schaden!

Produktfreigaben haben schriftlich zu erfolgen und sind von beiden Partnern (Auftraggeber und Auftragnehmer) zu unterzeichnen!

- Bei der Abnahme ist es dann sinnvoll, das Lastenheft samt Prüfprotokolle zur Hand zu nehmen und Punkt für Punkt durchzuarbeiten. Ist alles perfekt in Ihrem Sinne erledigt, können Sie das Abnahmeprotokoll unterschreiben.
- Es kann aber auch vorkommen, dass Teile des Lastenheftes nicht erfüllt wurden, trotzdem aber die Abnahme erfolgt. Halten Sie die nicht erfüllten Teile schriftlich fest und auch, warum dies nicht umgesetzt bzw. fertiggestellt wurde.

Ich kann abschließend hier nur nochmal erwähnen, das elektronische Produkt wirklich ausführlich zu testen.
Ich bin zwar grundsätzlich der Meinung, dass Qualität produziert werden muss und nicht ertestet. Die Komplexität von elektronischen Produkten einerseits im Hinblick auf die Funktionen und technischen Ausführungen im System selbst und anderseits des breiten Bandes an eventuell störenden Umwelteinflüssen macht die Akribie und Konsequenz in der Testphase

2 Die Entwicklung eines elektr. Produktes

unumgänglich. Nur wer weitgehend lückenlos testet, wird ein qualitativ hochwertiges Produkt in den Markt bringen.

Denken Sie beispielsweise an die Autobranche. Neuwagen werden jahrelang geprüft, bevor sie in Serie gehen und es schlüpfen trotzdem Fehler durch!

Ihr Produkt ist damit fertig entwickelt und von Ihnen abgenommen. Starten wir nun mit der Serienüberleitung und Serienproduktion Ihres neu entwickelten, elektronischen Produktes.

3. Die Serienproduktion

3 Die Serienproduktion

3.1. Allgemeines zur Serienproduktion von Elektronik

Ich weiß nicht in welchem Wirtschaftszweig Sie tätig sind und deshalb könnte es durchaus sein, dass ich Ihnen hier nichts Neues erzähle und Ihre Serienproduktion und Marktbearbeitung ident oder ähnlich abläuft. Ich weiß aber auch, dass es viele Unternehmen gibt, die nicht auf diese Art, wie hier beschrieben, Produkteinführungen machen, manchmal auch einfach losstarten nach dem Motto: „Mal sehen was kommt!". Nun, bei elektronischen Systemen ist das gefährlich, weil gleiches gilt wie bei der Entwicklung der Elektronik. Elektronik ist einfach anders zu behandeln und zu bearbeiten, und das gilt auch für die Serienproduktion. Wir werden uns in diesem Teil des Buches der Serienproduktion von elektronischen Baugruppen in Zusammenarbeit mit Ihrem Partner (Fertiger) und der technischen und organisatorischen Markteinführung von elektronischen Produkten widmen. Ich werde Ihnen darstellen, wie Sie den Serienstart angehen, welche Daten Sie bei der Serienproduktion aufzeichnen sollten und wie Sie elektronische Produkte im Feld zu betreuen haben. Auf Marketing und Vertriebsagenden werde ich hier nicht eingehen.

Starten wir mit einer eher traurigen Gewissheit. Eine Feststellung, die als Basis für alle in der Folge genannten Aufgaben steht, und wie folgt lautet.

Elektronikhardware und die dazugehörige Software ist in der Regel nach Abschluss der Entwicklung und zu Beginn des Serienstarts nie fehlerfrei!

Das ist leider eine unbestrittene Tatsache. Ausnahmen bestätigen zwar die Regel, allerdings sollten Sie nicht von der Fehlerfreiheit ausgehen. Denken

3 Die Serienproduktion

Sie z.B. an die Automobilindustrie. Die Testverfahren bei der Entwicklung eines neuen Autos sind wohl die Intensivsten, die es im Rahmen von Produktentwicklungen für den Massenmarkt gibt. Das Band reicht von Schreibtischtests bis zu intensiven Feldtests in den unwirtlichsten Regionen unseres Planeten. Produktprüfungen und Funktionsverifikationen von neuen Automodellen (sogenannte „Erlkönige") erstrecken sich über Jahre. Es wird mit einer Hundertschaft von Mitarbeitern iterativ geprüft, geändert, verifiziert, bis man sich sicher ist ein technisch perfektes Auto in den Markt zu bringen. Dann erfolgt die erste Auslieferung des neuen Automodells mit viel Werbung, Marketingaufwand und Presse und nach einem halben Jahr liest man über die erste Rückholaktion. Das Gaspedal bleibt unter bestimmten Bedingungen hängen!

Sie müssen also mit einem doch erheblichen Risiko an Feldausfällen bei der ersten Produktserie rechnen, die Sie bearbeiten und beheben müssen, und das ist mit Aufwand verbunden. Was sind nun aber die Ursachen für diese „Fehler"?

- Ihr Produkt wurde zwar im Labor vollständig, aber nur eingeschränkt im Feld getestet. Sie können in der Testphase nicht alle Bedingungen nachstellen, die Ihr Produkt im Feld erfahren wird.
- Bei Produkten mit eingebetteter Software, ist es so, dass nicht alle Kombinationen der Bedienung usw. getestet werden können. Der Entwickler bedient meist die Software völlig anders als der spätere Benutzer. So werden Bedingungen nicht getestet und diese Bedingungen führen dann im Feld oft zu Fehlverhalten der Software bzw. Hardware
- Sie und Ihr Entwickler haben schlichtweg einen Umstand übersehen, und die Tests haben dies nicht hervorgebracht. Speziell beim Einsatz neuer Technologien kommt es zu solchen Schwierigkeiten.
- .....

3 Die Serienproduktion

So ist der letzte und entscheidende Test des Produktes derjenige im Feld mit serienproduzierten Systemen. Erst zu diesem Zeitpunkt können Sie definitiv feststellen, ob Ihr entwickeltes, elektronisches Produkt hundertprozentig „feldtauglich" ist.

Weiters ist zu erwähnen, dass Sie elektronische Systeme von Ihrem Fertiger angeliefert bekommen, die zwar bei der Endkontrolle einwandfrei funktionieren aber nach einiger Zeit Betrieb im Feld ausfallen. Bei erstmaligem Produktionsstart von Elektronikhardware ist der Prozessablauf der Serienfertigung noch nicht optimiert. Einzelne Baugruppen könnten qualitativ minderwertige Lötverbindungen (z.B. kalte Lötstellen) haben, die dann im Feld zum Ausfall der Baugruppe führen.

Wohlgemerkt, solche Produktfehler sind äußerst selten. Kommt es aber zu den Problemen und man hat sein Umfeld und die Strategie nicht darauf eingestellt, kann es sehr, sehr teuer werden.

Wie kann man sich nun gegen all diese Feldprobleme bei der Produkteinführung helfen? Welche Möglichkeiten gibt es, das Risiko zu minimieren? Hier die wichtigsten Methoden, auf die ich dann in der Folge näher eingehe.

- Test der Baugruppen vor Anlieferung an Sie (Endkontrolle in der Serienfertigung)
- Kennzeichnung der Baugruppen
- Versionsverwaltung
- Strategie der Produkteinführung
- Feedbackschleifen zur Produktverbesserung

3 Die Serienproduktion

Starten wir also mit der Serienproduktion und Markteinführung Ihres elektronischen Produktes.

3.2. Der Fertigungsprozess einer elektronischen Baugruppe

Wie bereits im Kapitel 2.8.4 beschreiben, erfolgt die Serienproduktion Ihrer elektronischen Baugruppe in einer Abfolge von Montagetätigkeiten (Bestücken), Behandlungsverfahren (verlöten, lackieren,...) und Verifizierungsverfahren (Bestückungsprüfungen, Sichtkontrollen). Die Abfolge an Montageschritten nennt man Fertigungsprozess. Der Fertigungsprozess ist wenig beeinflussbar.

Damit Sie einmal ein Gefühl bekommen, wie die Fertigungsschritte einer elektronischen Baugruppe aussehen, habe ich diese hier einmal in graphischer Form dargestellt und beschrieben.

SCHRITT 1: Seriennummer auf Baugruppe „lasern"

Jede Baugruppe erhält eine einzigartige Seriennummer zur Rückverfolgbarkeit. Diese Nummer wird direkt auf die Leiterplatte mittels einer Art Lasergravurmaschine aufgebracht.

Schritt 1 ist aber grundsätzlich nicht überall notwendig. Manche Fertiger können das auch noch nicht. In diesem Fall entfällt Schritt 1

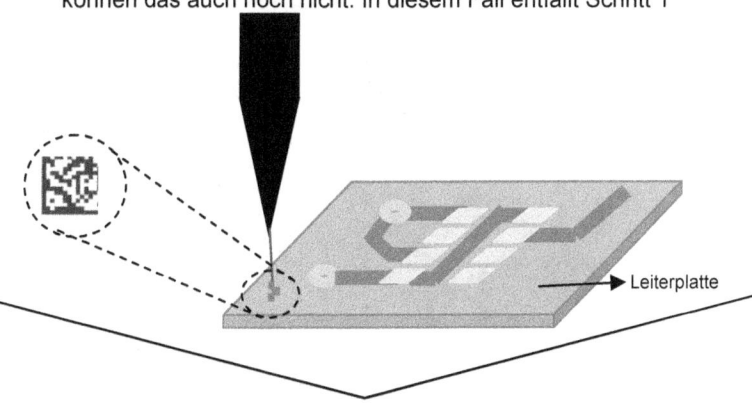

Elektronik ist anders

3 Die Serienproduktion

SCHRITT 2: Lötpaste im Siebdruckverfahren aufbringen

Das Lot („Lötzinn") wird in Pastenform auf die Lötflächen für die oberflächenmontierten Bauelemente der Leiterplatte aufgebracht.

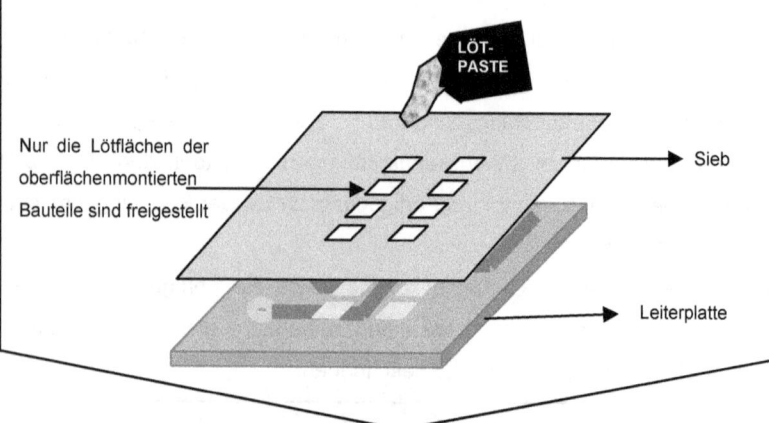

SCHRITT 3: oberflächenmontierte Bauteile bestücken

Mit einem Bestückautomat werden nun die oberflächenmontierten Bauelemente auf der Leiterplatte automatisch platziert. Die vorher aufgebrachte Lötpaste sorgt dafür, dass die Bauelemente schon an der Leiterplatte minimal haften.

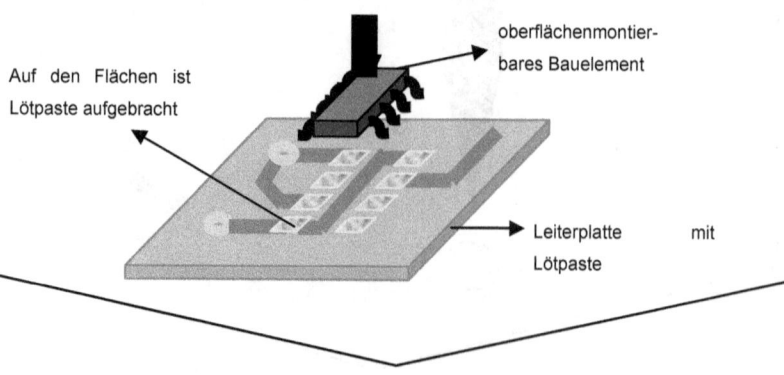

3 Die Serienproduktion

SCHRITT 4: oberflächenmontierte Bauteile verlöten

Dabei wird nun die Leiterplatte mit den bestückten Bauteilen durch einen Mehrzonen-Heißluftofen transportiert. Dabei wird die Lötpaste umgeschmolzen und die oberflächenmontierten Bauteile werden dauerhaft und elektrisch leitend mit der Leiterplatte verbunden: (Reflow-Prozess)

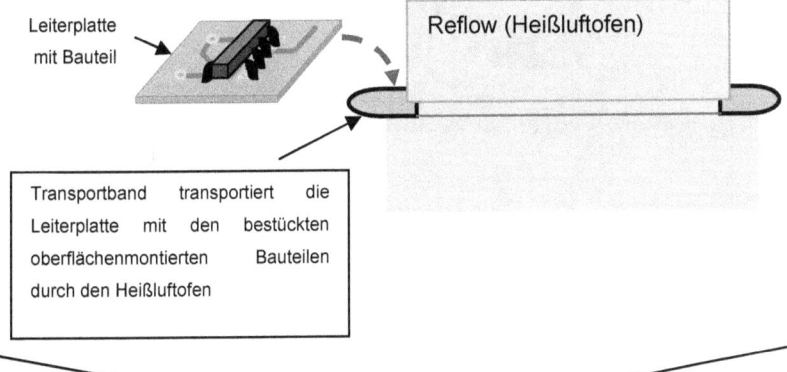

Transportband transportiert die Leiterplatte mit den bestückten oberflächenmontierten Bauteilen durch den Heißluftofen

SCHRITT 5: bedrahtete Bauteile bestücken

Nun werden die Bauelemente bestückt, deren elektrische Anschlüsse durch die Leiterplatte durchragen (= bedrahtete Bauelemente). Dies geschieht oft noch in Handarbeit.

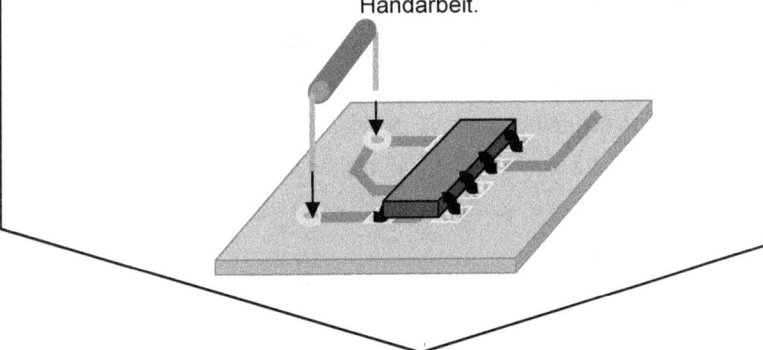

3 Die Serienproduktion

SCHRITT 6: bedrahtete Bauteile verlöten

Die bedrahteten Bauelemente werden im Schwalllötverfahren, ebenfalls dauerhaft und elektrisch leitend mit der Leiterplatte verbunden

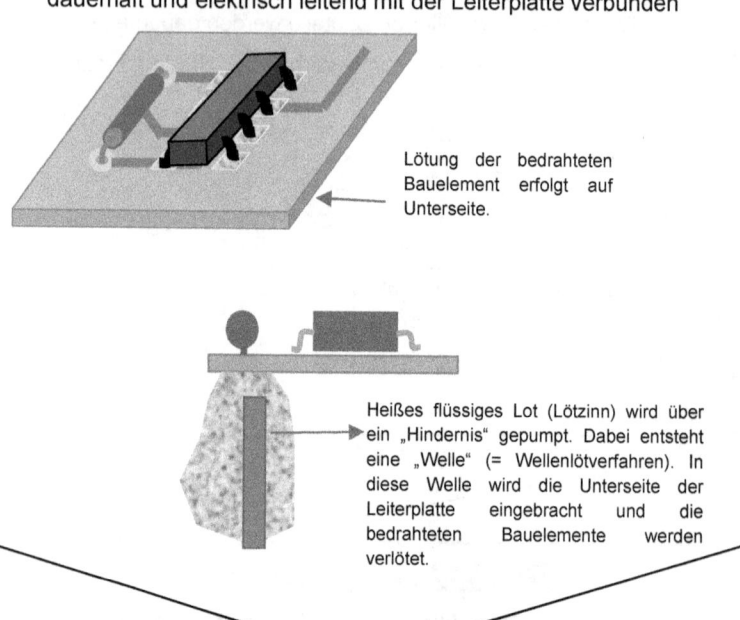

Lötung der bedrahteten Bauelement erfolgt auf Unterseite.

Heißes flüssiges Lot (Lötzinn) wird über ein „Hindernis" gepumpt. Dabei entsteht eine „Welle" (= Wellenlötverfahren). In diese Welle wird die Unterseite der Leiterplatte eingebracht und die bedrahteten Bauelemente werden verlötet.

SCHRITT 7: optische Endkontrolle

Abschließend kontrolliert ein Mitarbeiter die Baugruppe optisch mit Hilfe einer Lupe oder eines Mikroskops. Dabei prüft er die Richtigkeit der Bestückung, die Qualität der Lötverbindungen und die Sauberkeit der Baugruppe, soweit es möglich und vorgesehen ist.

3 Die Serienproduktion

Damit ist die elektronische Baugruppe fertig produziert. Natürlich gibt es auch noch Sonderprozesse (Lackieren, Montage von mechanischen Teilen,...) uvm. Dies würde aber zu weit führen. Ich habe mich hier auf den Kernprozess beschränkt.

Bild 15: Fertigungsprozess einer elektronischen Baugruppe
Quelle: technosert electronic GmbH

Nach Abschluss der Serienfertigung kann man aber grundsätzlich nicht sagen, ob die gefertigte Baugruppe auch funktioniert. Abhängig von der Komplexität, dem Können des Fertigers und der Tiefe der optischen Kontrolle werden sich Ausfälle ergeben. Lassen Sie die elektronischen Baugruppen bereits in diesem Zustand an Sie anliefern, was durchaus möglich ist und auch vorkommt, werden Sie Ausfallquoten haben, die bis 10% und sogar darüber betragen können. Sie müssten diese defekten Baugruppen dann in

3 Die Serienproduktion

Ihrem Assemblierungsprozess ausscheiden und beim Partner reklamieren. Die Bearbeitung dieser Ausfälle kostet Zeit und Geld. Es ist daher zu empfehlen, dass Sie eine zusätzliche Funktionskontrolle (Endkontrolle) direkt beim Fertiger der Baugruppen durchführen lassen. Dazu müssen Sie entweder dem Fertiger eine Testapparatur zur Verfügung stellen, oder Sie beauftragen ihn direkt eine entsprechende Apparatur zu konstruieren. Es gibt auch fertige Testsysteme (z.B. IC-Test) die nur durch Erstellung einer entsprechenden Software fähig sind, Ihre Baugruppe zu testen. Mehrere Möglichkeiten, die sich in der erreichbaren Testtiefe und den entsprechenden Kosten unterscheiden sind üblicherweise verfügbar. Ja, da sind wir wieder beim lieben Geld. Testapparaturen oder die Programmierung von Testsystemen kosten Geld. Vor allem die Einmalkosten schrecken viele ab, eine professionelle Endkontrolle beim Fertiger installieren zu lassen. Genau das ist auch der Grund, warum Unternehmen Baugruppen ungetestet anliefern lassen und eine hohe Ausfallquote in Kauf nehmen. Sie denken, dass die Teststellungen zu teuer sind. Ich kann Ihnen aber aus meiner Erfahrung sagen, dass dies ein Trugschluss ist. Rechnet man nämlich wirklich alle Aufwände, die man mit Ausfällen in der Assemblierung und im Feld aufgrund der fehlenden Endkontrolle der elektronischen Baugruppe im Fertigungsprozess hat, wie z.B.

- umlagern und als Ausfall kennzeichnen, in Sperrlager lagern
- Analyse durch Entwickler
- Versandkosten, Transportkosten
- erneute Wareneingangskontrolle
- erneute Ausfälle, da nicht alle Fehler gefunden werden (der Fertiger kann ja nicht testen!)
- erhöhte Feldausfallrate
- usw.

3 Die Serienproduktion

dann werden Sie schnell sehen, dass es sich bereits bei einer geringen Stückzahl (einige 100Stk / Jahr) lohnt, eine funktionale Endkontrolle beim Fertiger durchführen zu lassen.

Sehen wir uns nun an, welche technischen Möglichkeiten der Endkontrolle es im Detail gibt.

3.3. Test der Baugruppen (Endkontrolle beim Fertiger)

3.3.1 Fertigungstest

Wie schon im vorhergehenden Kapitel gezeigt, ist am Ende des Fertigungsprozesses (siehe Kapitel 3.2) die Endkontrolle (Fertigungstest) vorgesehen. Die Tiefe dieser Verifizierung der ordnungsgemäßen Funktion und Ausführung Ihres Produktes können Sie beeinflussen. Je nachdem, welche maximalen Ausfallquoten Sie bei Ihrem Produkt fordern, desto intensiver muss die Endkontrolle durchgeführt werden. Sie können aus folgenden Verifizierungsverfahren „wählen":

- manuell optisch kontrolliert und ungetestet
- AOI (automatic optic inspection)
- AOI und Funktionstest
- AOI und IC-Test
- AOI, Funktionstest und IC-Test
- AOI, Funktionstest und/ oder IC-Test und BurnIn Test

3 Die Serienproduktion

manuelle optische Kontrolle und ungetestet

Hier wird durch einen Mitarbeiter die bestückte Leiterplatte optisch unter dem Mikroskop kontrolliert. Dabei prüft der Mitarbeiter die Qualität der Lötverbindungen und die Bauteile-Bestückung auf seine Richtigkeit. Diese Kontrolle wird üblicherweise, wie schon oben gezeigt, regelmäßig beim Fertiger durchgeführt. Sie brauchen dies nicht explizit zu beauftragen.

Die Leiterplatte wird keinem weiteren Test unterzogen und direkt nach der optischen Kontrolle an Sie geliefert. Sie haben mit Ausfallquoten abhängig von der Komplexität der Leiterplatte bis zu **10%**! und mehr (vor allem bei erstmaliger Fertigung der Baugruppe) zu rechnen. Das liegt nicht am Können bzw. Nicht-Können des Fertigers, sondern ergibt sich aus den Komplexitätsgraden im Fertigungsprozess und den technischen Möglichkeiten des Maschinenparks des Fertigers. Es ist einfach ein Umstand, mit dem Sie leben müssen, wenn Sie keine Verifizierung durch Funktionstests bezahlen möchten. Die hohe Ausfallquote ergibt sich, da eine komplexere Baugruppe gar nicht vollständig optisch kontrolliert werden kann. Der hohe Zeitaufwand wäre viel zu teuer. Man konzentriert sich hier auf kritische Bereiche aufgrund von Erfahrungen.

Die Qualität der manuellen optischen Kontrolle wird eben auch sehr durch den Faktor Mensch bestimmt und Menschen sind leider (oder Gott sei dank) nicht perfekt. Es werden Fehler auf der Baugruppe einfach übersehen. Letztlich kann eine elektronische Baugruppe nicht vollständig optisch kontrolliert werden, da viele Bereiche auf der Baugruppe überhaupt nicht einsehbar sind.

Eine Baugruppe ausschließlich manuell optisch zu kontrollieren halte ich, wie bereits oben erwähnt, für absolut unzureichend. Will man schon aus Kostengründen nicht testen, so sollte man zumindest **automatisch** optisch inspizieren (AOI).

3 Die Serienproduktion

AOI (automatische optische Inspektion)

AOI wird bei der Herstellung von elektronischen Leiterplatten zur Kontrolle der Bestückung und teilweise der Lötverbindungen eingesetzt. Obwohl manuelle Bestückungen der Leiterplatten, wo Fehlbestückungen häufiger sind, immer seltener gemacht werden, gibt es auch Fehler bei der Bestückung durch Bestückungsautomaten. Mit Hilfe der Bildverarbeitungssysteme der AOI sollen diese Abweichungen lokalisiert und die fehlerbehafteten Baugruppen ausgeschieden werden. Die Reparatur erfolgt dann anschließend in einem gesonderten Prozess.

Mit AOI lassen sich fehlende Bauteile, eventuell verpolte Bauteile, offene Lötstellen und Kurzschlüsse erkennen (sofern vom optischen System erfassbar). Auch eventuell schlecht ausgeprägte Lötstellen sind teilweise erkennbar. Baugruppenprüfungen durch AOI Systeme vermindern die Ausfallquoten auf unter 5 % (abhängig natürlich von der Komplexität der Leiterplatte).

Bild 16: AOI-System bei technosert electronic GmbH
Quelle: technosert electronic GmbH

3 Die Serienproduktion

Funktionstest

Beim Funktionstest (Multi-Mode-Test) wird die Baugruppe an Spannung gelegt und die Funktionen der Baugruppe werden der Reihe nach automatisch und/oder manuell getestet. Dabei steht die Funktion der Funktionsgruppen auf der Baugruppe im Vordergrund und nicht das einzelne Bauteil der Baugruppe selbst. So könnten beispielsweise Stützkondensatoren unbestückt bleiben und man würde es nicht erkennen. In Verbindung mit optischen Kontrollsystemen können die Ausfallquoten in Richtung 1% und darunter vermindert werden. Oft haben Fertiger bereits Testsysteme entwickelt die einfache Funktionstests zulassen. Meistens ist es jedoch notwendig, dass für Ihr Produkt ganz speziell eine Testapparatur für den Funktionstest konstruiert werden muss. Adapterbauten zur elektrischen Verbindung der Baugruppe (Prüfling) mit dem Testaufbau sind generell zu entwickeln. Im Gegensatz zu den Adaptern bei In-Circuit Tests sind diese aber meist einfacher und kostengünstiger.

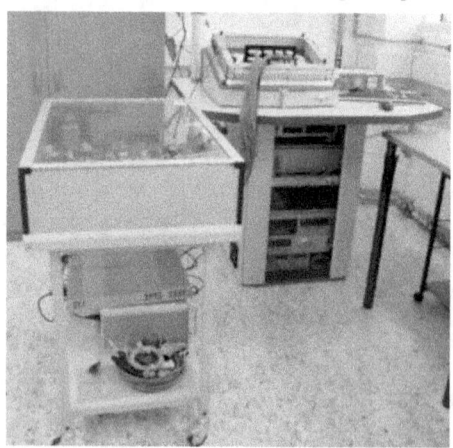

Bild 17: Multi Mode Testsystem der technosert electronic GmbH
Quelle: technosert electronic GmbH

3 Die Serienproduktion

IC-Test (InCircuit)
Diese Testmethode ist ebenfalls bei der Fertigung elektronischer Baugruppen weit verbreitet. Die fertig bestückte Leiterplatte wird dabei auf einen sogenannten Nadeladapter platziert und das Testsystem prüft die Leitungsverbindungen (Kurzschluss und Unterbrechungen), Lötfehler und Bauteilfehler.
IC- Tests arbeiten schnell und sind auf hohen Durchsatz getrimmt. Damit rechnen sie sich meist auch nur bei hohen Stückzahlen, auch weil die notwendigen Einmalkosten für die Programmerstellung und den Adapterbau (Nadeladapter zur Kontaktierung der Leiterplatte) nicht unerheblich zu Buche schlagen. Mit IC-Tests lassen sich die Ausfallquoten durchaus in Richtung 0.2% minimieren, natürlich wiederum abhängig von der Komplexität der Baugruppe.

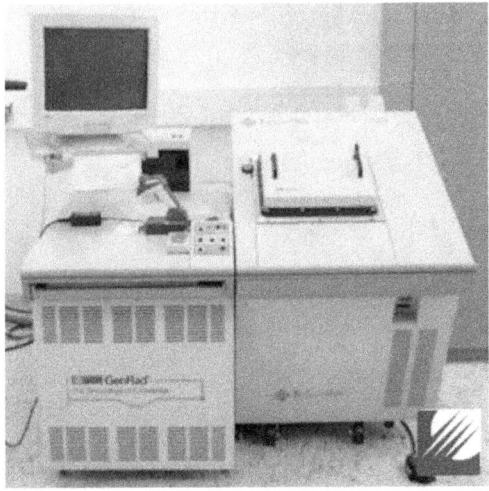

Bild 18: IC-Test bei technosert electronic GmbH
Quelle: technosert electronic GmbH

3 Die Serienproduktion

Burnln-Test

Mit den vorher genannten Tests und Prüfschritten prüfen Sie die Leiterplatte bzw. Baugruppe bei kurzer Betriebszeit. Der Burnln-Test ist eine weitere Verschärfung der Testtiefe. Dabei werden Baugruppen bei verschärften Umgebungsbedingungen (z.B. erhöhte Temperatur) einem Dauertest unterzogen. Zusätzlich auch noch bei Nennlast des Systems. Mit dem Test können Sie Baugruppen, die bereits nach kurzer Betriebszeit ausgefallen wären aussortieren und die Ausfallquoten können in Richtung 0% getrieben werden. Diejenigen, die den Test überstehen, werden nicht bereits nach kurzer Betriebszeit im Feld ausfallen.

Meist erfolgt der Ausfall bereits während des Dauertests. Üblicherweise werden aber alle Baugruppen nach der Dauertestphase nochmal einem IC-Test oder Funktionstest unterzogen. Werden alle Testschritte positiv bestanden, wird die Baugruppe geliefert.

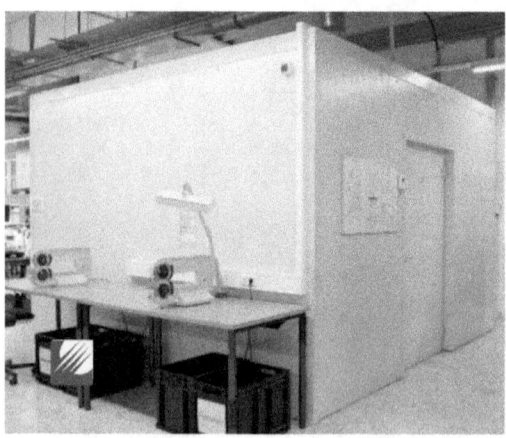

Bild 19: Temperaturkammer für Burnln-Prüfung bei technosert electronic GmbH

Quelle: technosert electronic GmbH

3 Die Serienproduktion

3.3.2 Teststrategie

Welche Teststrategie Sie wählen, ist von vielen Faktoren abhängig

- vom Produkt selbst (Komplexität, …)
- von der Menge an Produkten, die Sie am Markt platzieren
- von Ihrer Marketingstrategie (qualitativ hochwertiges oder consumer Produkt, Wegwerfprodukt,…)
- eventuell auch gesetzliche Vorschriften (Personensicherheit,…)
- uvm.

Sie müssen hier mit Ihrem Entwickler und Fertiger der Elektronik die richtige Strategie finden. Eines rate ich Ihnen aber unbedingt:
Lassen Sie Leiterplatten nicht ungetestet anliefern. Das kommt nämlich durchaus bei Unternehmen vor, wo die elektronische Baugruppe dann in das Zielsystem (Gerät, Anlage,…) eingebaut wird (Assemblierung). Meist gibt es dort nach dem Einbau einen „Endtest" des fertig assemblierten Gerätes. Diese Kunden nehmen genau diesen Endtest bei sich im Haus als Argument, sich die Endkontrolle der Baugruppe beim Elektronikfertiger zu sparen. Dieser Endtest ersetzt aber nie den Funktionstest oder den InCircuit-Test beim Fertiger. Die Testtiefe ist bei diesem Endtest nach Assemblierung weitaus geringer. Es werden also wesentlich mehr an Fehlteilen durchschlüpfen, die Sie dann direkt ins Feld, in den Markt liefern.

Erfahrungen zeigen, dass die Kosten für die Verwaltung, der bei diesem Vorgehen in Kauf genommen Fehlteile, die Kosten für die professionelle Endkontrolle beim Elektronikfertiger schon bei relativ geringen Serienmengen übersteigen.

Außerdem würden Sie dem Fertiger einen wichtigen Feedbackprozess aus der Hand nehmen. Aus den Erkenntnissen der Testausfälle in seinem Haus kann er direkt seinen Fertigungsprozess adaptieren und verbessern. Die Produktstabilität steigt und die Ausfallsquoten sinken damit schneller.

Im anderen Fall einer ausschließlichen optischen Kontrolle dauert es erheblich länger, da er ja auf Ihre Rückmeldungen der Ausfälle von Ihnen bzw. aus dem Feld warten muss. Oft werden diese Ergebnisse Ihrer Rückmeldung dann bei einer Neuproduktion nur schlecht berücksichtigt.

Die Fertiger tun sich wesentlich leichter, wenn Sie die Prozessprobleme der Fertigung im Ihrem Haus bereits erkennen und nicht über Umwege aus dem Feld erfahren. Diese zusätzlichen Aufwände und Kosten werden leider meist übersehen bzw. nicht bewertet und in die Entscheidung über Endkontrolle oder keine Endkontrolle beim Fertiger nicht mit berücksichtigt.

3.4. Kennzeichnung der Baugruppen - Rückverfolgbarkeit

Elektronische Baugruppen sollten aus Qualitätssicherungsgründen gekennzeichnet werden, um jederzeit identifiziert werden zu können. Die Kennzeichnung ist ein wesentliches Element zur schnelleren Stabilisierung des Produktes im Feld (kontinuierliche Produktverbesserung) und zur Begrenzung der Mengen bei Rückholaktionen. Dazu aber später mehr. Die Kennzeichnung erfolgt üblicherweise über

- Typennummer
- Seriennummer

Die Typennummer definiert den Gerätetyp selbst. Die Seriennummer liefert Hinweise zu

- Produktionscharge
- Produktionsdatum
- Anzahl der gefertigten Produkte aus der Serie.

3 Die Serienproduktion

Manchmal werden Typennummer und Seriennummer auch zu einer Nummer zusammengefasst. Abhängig von Ihrer Produktvarianz und gelieferten Mengen kann dies durchaus Sinn machen, um nicht zu viele Nummernsysteme verwalten zu müssen. Grundsätzlich können Sie die Art der Kennzeichnung frei definieren. Achten Sie nur darauf, dass jedes Gerät eine eigene Seriennummer besitzt und damit einmalig ist!

Hier geht es ausschließlich um die Kennzeichnung der elektronischen Baugruppen hinsichtlich Rückverfolgbarkeit. Unterliegt Ihr elektronisches System (Gerät) einschlägigen Normen, die eine bestimmte Kennzeichnung vorschreiben, müssen Sie dies noch zusätzlich berücksichtigen (z.B. Niederspannungsrichtlinie, Maschinenrichtlinie, ...)

Ein Beispiel für eine Seriennummerndefinition.
Seriennummer auf Gerät: 453645090023
In diese Nummer sind nun folgende Informationen enthalten:
4536 Produkt (= Type)
4509 Produktionswoche: KW45/ 2009
0023 fortlaufende Nummer: 23. Gerät, welches in dieser Woche produziert wurde

Erfassbarkeit der Seriennummer
Für Sie ist es weiter wichtig, dass Sie die Seriennummer einfach in ein Verwaltungssystem einlesen können. Dafür gibt es grundsätzlich mehrere Möglichkeiten:
+ Etikette mit Seriennummer auf der elektronischen Baugruppe aufkleben.

3 Die Serienproduktion

- Seriennummer wird in einem Seriennummernchip (im System) oder innerhalb der Systemspeicher abgelegt. Vorteil dieser Methode gegenüber der Etikette ist es, dass die Nummer kaum manipuliert werden kann. Allerdings muss zum Auslesen der Nummer meist das System in Betrieb sein, bzw. brauchen Sie ein weiteres System um die Nummer auslesen zu können (z.B. RFID).
- Aufbringen der Nummer direkt auf der Leiterplatte z.B. durch Lasergravur u.ä.

Ich kann Ihnen hier nicht sagen, welche Variante die Vernünftigste und Beste ist. Ich hab bis heute fast ausschließlich mit Etiketten, auf denen die Seriennummer im Klartext und als Barcode aufgebracht ist, gearbeitet und eigentlich keine großen Probleme erlebt. Das Aufbringen auf die Leiterplatte direkt als z.B. 2D-Code scheint im Kommen zu sein, es ist aber doch noch teurer als die Etikettenvariante und hat auch den Nachteil, dass die Nummer nicht als Klartext ablesbar ist.

Bild 20: Beispiel für eine Seriennummer-Etikette auf einer Baugruppe
Quelle: ekey biometric systems GmbH

Der Barcode hat den Sinn, dass Sie die Seriennummer der Baugruppe schnell in Ihrem System erfassen können. Barcodeleser kosten nicht viel. Für €300-€400 bekommen Sie schon industrietaugliche Leser. Somit können Sie schnell und ohne großen Aufwand die Geschichte jeder Baugruppe erfassen. Aber dazu mehr im Kapitel 3.6.4.

Letztlich müssen Sie sich entscheiden welcher Weg der Kennzeichnung für Sie der praktikabelste ist. Es ist auch sicher von Ihrem Partner der Elektronikfertigung und dessen Möglichkeiten der Produktkennzeichnung abhängig.

Einzigartige Seriennummern auf ein elektronisches Produkt aufzubringen und zu verwalten ist aber Standard. Das kann jeder mir bekannte Fertiger von elektronischen Baugruppen.

3.5 Versionsverwaltung

Da Sie Ihre Produkte ständig auf Basis der Produktionsdaten der Feldrückläufer usw. verbessern oder Sie neue Funktionen und Änderungen aufgrund von Weiterentwicklungen einbringen, ändert sich Ihr Produkt in nicht näher definierbaren Zeitabständen. Diese Änderungen sollten Sie dokumentieren und mit jeder gelieferten, serienproduzierten Baugruppe verbinden.

Es gibt für die Versionsnummernvergabe grundsätzlich keine normierten Vorgaben. Jeder betreibt das in Abhängigkeit der Produktkomplexität und seiner organisatorischen Möglichkeiten anders. Sie sollten aber von jeder Baugruppe nach Identifikation mittels der Seriennummer wissen:

- Welche Version der Hardware zugrunde liegt
- Falls Ihr elektronische Baugruppe auch Software beinhaltet, mit welcher Version der Software die Baugruppe ausgeliefert wurde.

3 Die Serienproduktion

Generell ist zu empfehlen für Hardware und Software jeweils eine eigene Versionsnummer zu vergeben. Bei der Hardwareversion kann es auch Sinn machen die Versionsnummer auf der Baugruppe zu vermerken (Etikette).

Vergeben Sie bei jeder relevanten Änderung in der Hardware und/oder Software eine neue Versionsnummer!

Erfassen Sie dazu detailliert, was die einzelnen Versionen von den vorhergehenden unterscheidet und stellen Sie diese Informationen den relevanten Abteilungen (Support, RMA, Vertrieb,...) umgehend zur Verfügung.

Gerade bei Fehlfunktionen und zur Bewertung der Feldrückläufer ist dies immens wichtig. Fehler können dann besser eingegrenzt werden.
Weiß man um Fehlfunktionen in einer bestimmten Version, so kann schneller und zielgerichteter der Fehler bei Feldrückläufern und Reklamationen behoben werden.

Beispiel für eine Version der Hardware

V1.2   ->   V..... Version
                    1..... Version der Leiterplatte
                    2..... Version der Bestückung

Änderung der Leiterplatte: Beispielsweise wurde die Abmessung um 1 mm kürzer, da es beim Einbau ins Zielsystem immer ein Problem gab. So würde die neue Version heißen: **V2.2**
Ändert sich dann noch die Bestückung: Beispielsweise wird ein elektronisches Bauteil zusätzlich bestückt, ergibt sich: **V2.3**

3 Die Serienproduktion

Auch die Versionsverwaltung ist ein wichtiger Mosaikstein um mit Elektronik erfolgreich zu agieren. Etablieren Sie auch diese „Datenbank" mit dem ersten in den Markt gelieferten Produkt.

3 Die Serienproduktion

3.6. Feedbackschleifen zur Qualitätssteigerung von Serienprodukten

3.6.1 Allgemeines

Zur Verbesserung und Weiterentwicklung Ihrer Produkte benötigen Sie im Serienstatus entsprechende Rückmeldungen aus dem Feld, oder auch aus Ihrer Produktions- und Qualitätsmanagementabteilung. Sie müssen einen Prozess mit entsprechenden Messgrößen und Feedbackschleifen implementieren.

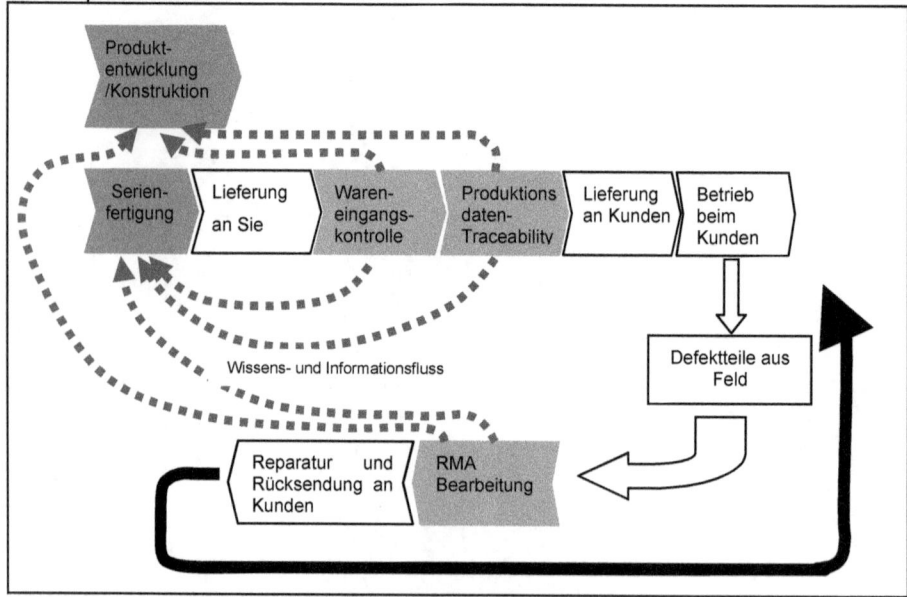

Bild 21: Wissens- und Informationsfluss (Minimalvariante)

3 Die Serienproduktion

Es gibt viele Methoden und Möglichkeiten, wie Sie Informationen zur Qualität Ihrer Produkte und zur weiteren Verbesserung der Qualität erhalten. Ich nenne Ihnen hier nur die Wichtigsten, die Sie unbedingt in Ihren Produktionsprozess implementieren müssen, wenn Sie mit elektronischen Systemen arbeiten:

- Strategie der Markteinführung
- erweiterte Wareneingangsprüfung
- Produktionsdaten
- statistische und detaillierte Auswertung der Feldrückläufer

Die Informationen aus diesen Datenquellen müssen zum Serienfertiger und zur Entwicklung bzw. zur Konstruktion entsprechend aufbereitet fließen. Implementieren Sie hier wirklich klare Schnittstellen, die eine zielgerichtete Kommunikation, frei von Missverständnissen und Halbwahrheiten, der Beteiligten der einzelnen Fachbereiche bzw. der Partner zulassen. Binden Sie unbedingt Ihren Fertiger und Ihren Entwickler der elektronischen Systeme bei der Etablierung dieser Schnittstellen mit ein.

3.6.2 Strategie der Markteinführung

Die Strategie der Markteinführung von elektronischen Produkten ist gut zu planen. Ich zeige Ihnen hier am Beispiel der Strategie eines Unternehmens mit dem ich zusammenarbeite, das Vorgehen bei der Markteinführung. Generell müssen aber Sie selbst Ihre richtige Strategie finden. Es ist einfach von einer Vielzahl von technischen und wirtschaftlichen Faktoren abhängig, wann, wie, mit welchem Aufwand Sie Ihr Produkt in den Markt bringen. Die Abläufe und Methoden unterscheiden sich von Unternehmen zu Unternehmen aber auch von Produkt zu Produkt erheblich.

3 Die Serienproduktion

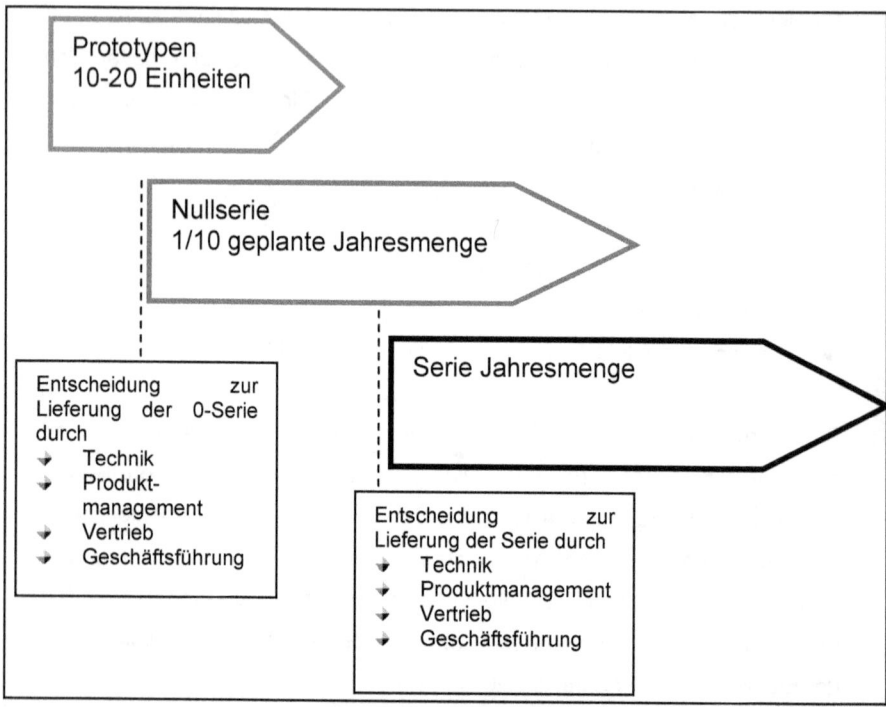

Weiter oben habe ich Ihnen schon gesagt, dass elektronische Systeme zum Zeitpunkt der ersten Markteinführung nie fehlerfrei sind. Auch wenn Sie noch so genau und detailliert getestet haben, zeigt sich erst endgültig im Feldeinsatz die Zuverlässigkeit der Systeme.

Das hier betrachtete Unternehmen führt Produkte schrittweise ein. **Der erste Schritt** ist die Prototypenserie. Hier wird eine Kleinmenge von 10-50Stk. (abhängig vom Produkt und Risikopotential) nach Abschluss der ersten Entwicklungsprüfungen bereits bei ausgewählten Kunden installiert und betrieben. Im Entwicklungsablauf wird dies als Feldtest bezeichnet. Auf Basis dieser Ergebnisse erfolgt die Freigabe der **Nullserie**. Die Menge der

3 Die Serienproduktion

Nullseriensysteme wird mit einer Größenordnung von ca. 10% der geplanten Jahresmenge definiert. Diese Nullserie wird noch als Feldtestserie betrachtet, dementsprechend geplant und mit Maßnahmen begleitet (Fragebögen, Technik arbeitet mit speziellen Tools bei Feldproblemen, Kostenvorteile für Kunden die Informationen zum Produkt liefern,...). Ziel ist es, schnellstmöglich die letzten groben Probleme aus dem Produkt zu eliminieren und die notwendige Stabilität des Produktes, bevor größere Mengen am Markt platziert werden, zu erreichen. Die Nullserien-Teile gehen ins Feld einerseits wieder zu ausgewählten Kunden, aber teilweise auch schon frei in den Markt. Erst nach einer positiven Bewertung der Ergebnisse der Nullserie erfolgt die Freigabe der **Serie**.

Mit einer schrittweisen Markteinführung verringern Sie das wirtschaftliche Risiko enorm. Stellen Sie sich vor, Sie würden die Jahresmenge, die eventuell 20.000Stk. umfasst, ordern und geliefert bekommen. Nach Lieferung von 1.000Stk. ins Feld stellt sich heraus, dass Ihr Produkt Korrekturbedarf hat. Sie müssen eventuell die 19.000Stk. umbauen und die 1.000Stk. aus dem Markt zurück holen. Eine für Sie wirtschaftliche Katastrophe nimmt da wohl ihren Lauf und sie wären nicht der Erste, dem dieses Schicksal blüht. Ich habe es selbst schon erlebt und es hätte beinahe zum Ruin des Unternehmens geführt, für welches ich damals tätig war. Auch wenn Ihre Vertriebs- und Marketingabteilungen oft glauben, dass die Zeitverzögerung einer Markteinführung, verursacht durch eine vorhergehende Feldprüfmenge (Nullserie) eine Katastrophe ist, im Verhältnis zu dem oben beschriebenen Scenario, ist diese Zeitverschiebung aber ein viel geringeres Problem.

3 Die Serienproduktion

Noch ein weiteres Betrachtungsfeld müssen Sie berücksichtigen. Wenn Sie mit der Serie ohne vorherige Nullserie voll durchstarten, dann sind Ihre Kunden in der Erwartungshaltung ein qualitativ gutes und einwandfreies Produkt zu erhalten. Wenn dies aber dann nicht entspricht und Sie hohe Ausfallraten haben, dann zerstören Sie unter Umständen das Vertrauen des Marktes in Ihr Produkt.

Zum Beispiel liefert unser Unternehmen mit den Nullserien-Geräten auch die Information mit, dass es sich um eben ein solches Gerät handelt. Es wird im Vorfeld bereits darauf hingewiesen, dass es noch fehlerhaft sein kann. Im Fehlerfall aber wird 100% Ersatz geleistet bzw. einen eventuelle Fehlfunktion direkt am Gerät behoben. Die Erwartungshaltung der Kunden ist damit auf völlig anderem Niveau und Fehlfunktionen führen nicht zum Verlust des Vertrauens. Oft ist sogar das Gegenteil der Fall. Sehen Kunden wie sich das Produkt entwickelt und stabilisiert, schafft dies mehr Vertrauen, vor allem dann, wenn Ihre Kunden nicht Endkunden, sondern z.B. Zwischenhändler sind.

Minimieren Sie also das Risiko einer überschnellen oder sogar verfrühten Markteinführung, auch wenn Sie damit etwas Zeit verlieren. In Summe ist das der bessere Weg. Wichtig ist, dass Sie mit der ersten Serie (0-Serie) wirklich brauchbares Feedback erhalten und so Ihrem Produkt den letzten Schliff geben. Arbeiten Sie dabei mit Fragebögen oder noch besser mit Online-Umfragen (z.B. www.onlineumfragen.de). Sie kommen so wirklich kostengünstig zu Ihren Informationen.

3.6.3 Wareneingangskontrolle

Eine gute Methode zur Verbesserung der Anlieferqualität von Produkten ist die strukturierte Wareneingangskontrolle inklusive Lieferantenbewertung.

3 Die Serienproduktion

Haben sie ein Qualitätsmanagementsystem (z.B. ISO 9001) bei Ihnen bereits implementiert, so werden Sie dieses Steuerungsinstrument kennen und anzuwenden wissen. Haben Sie kein solches Managementsystem, so machen Sie sicher bereits eine Wareneingangskontrolle, aber wahrscheinlich nicht entsprechend methodisch. Warum ist dies nun so wichtig? Nun elektronische Systeme sind, wie schon mehrmals erwähnt, komplex und je komplexer ein Produkt ist, umso intensiver muss es in jeder Phase seiner Realisierung und Fertigung geprüft und verifiziert werden. Bei der Wareneingangskontrolle geht es nicht darum jede Baugruppe nochmals zu prüfen, es geht darum Serienfehler und Transportschäden zu finden und darauf sofort zu reagieren.

Auch wenn Sie die Baugruppen bei Ihrem Fertiger einer intensiven Endkontrolle unterziehen lassen (Funktionstest, In-Circuit Test,...) und damit von der einwandfreien Funktion der Baugruppen ausgehen können, kann es zu systematischen Ausfällen kommen, durch:

- Transportschäden und unzureichende Verpackung
- Schlechte qualitative Ausführung der Baugruppen
- beim Test nicht erkannte Serienfehler; praktisch gibt es keine 100% Testtiefe (100% der Baugruppe werden getestet). Aus diesem Grund sind Serienfehler zwar selten, aber doch möglich.

Prüfen Sie also bei der Wareneingangskontrolle:

- Zustand der Verpackung (Verpackung beschädigt)
- ordnungsgemäße Verpackung (ESD-Schutz-> siehe Kapitel 4.2)
- Inhalt
- Zustand der angelieferten Ware nach normierten Vorgaben (z.B. IPC A 610E)
- Prüfen Sie einen Teil der Ware auf deren Funktion (z.B. nach AQL)

3 Die Serienproduktion

Gibt es Abweichungen oder Fehler, retournieren Sie die Ware (alles bzw. die defekten Teile).

Wichtig ist, dass sie über die Prüfungen Protokoll führen und z.B. einmal jährlich mit Ihrem Fertiger die Qualität der Anlieferung besprechen. Erarbeiten Sie dann Zielvorgaben, um die Anlieferqualität zu verbessern.

Qualitative Ausführung der elektronischen Baugruppe

Das Wissen, ob eine Baugruppe qualitativ in Ordnung ist und damit verbaut werden kann, ist in Ihrem Unternehmen wohl nicht vorhanden. Wie beurteilen Sie aber nun bei der Wareneingangskontrolle die Ausführung der Baugruppe? Die Prüfung elektronischer Baugruppen beim Wareneingang ist nicht einfach, vor allem auch deshalb, weil die Kriterien schwer definierbar und messbar sind. Sie müssen also klare Abnahmekriterien definieren, die sowohl der Lieferant als auch der Kunde, also Sie, gleich verstehen beziehungsweise interpretieren. Noch besser ist es aber, wenn man sich auf ein allgemein gültiges Regelwerk beziehen kann. Diskussionen, ob die Ausführung von Produkten in Ordnung ist oder als mangelhaft betrachtet werden muss, sind dann eher die Ausnahme. Ein derartiges Regelwerk gibt es für elektronische Baugruppen in englischer Sprache seit Ende der 90er Jahre und seit einiger Zeit auch als deutsche Version. Die Norm IPC A 610 E „Abnahmekriterien für elektronische Baugruppen" regelt detailliert, wie die gelieferten elektronischen Baugruppen hinsichtlich

- Abmessungen
- Bauteilmontage
- Lötqualität; Ausformung der Lötstellen
- Ausführung der Kabel, Drahtanschlüsse
- mechanische Montageteile
- Steckverbindungen

3 Die Serienproduktion

- uvm.

auszusehen hat.

Das Werk ist sehr umfangreich und vermittelt mit Bildern klar die Bewertungskriterien. So gibt es meist keine Diskussion, welche Ausführung noch zulässig ist und welche einer Nacharbeit bedarf.

Auch wenn es bereits im Bereich der Lastenhefterstellung (Kapitel 2.4) kurz erwähnt wurde, möchte ich hier nochmals darauf hinweisen, dass Sie diese Abnahmekriterien bereits im Lastenheft anführen sollten. Ihr Partner hat dann keine Wahl und muss dies umsetzen.

Wichtig ist dabei noch, vorab eine entsprechende Klassifizierung Ihres Produktes vorzunehmen. Die Norm sagt ausdrücklich, dass für die Klassifizierung der Kunde verantwortlich ist. Sie können Ihr elektronisches Produkt folgenden Klassen zuordnen:

- **Klasse 1: gewöhnliches Elektronik-Produkt**
  In dieser Klasse ist die wichtigste Forderung, dass die fertige Baugruppe funktioniert. Es gibt hier also keine besonderen Forderungen hinsichtlich kontinuierlicher Leistung (Zuverlässigkeit) und verlängerter Lebensdauer.

- **Klasse2: zweckbestimmte Elektronik-Produkte**
  Es wird kontinuierlich Leistung und verlängerte Lebensdauer gefordert. Unterbrechungsfreier Betrieb ist erwünscht, aber nicht kritisch. Die typische Anwendungsumgebung bewirkt keinen Ausfall. z.B. Maschinensteuerungen, Heizungsregler, sicherheitstechnische Anwendungen, nicht sicherheitskritische, automotive Anwendungen usw.

- **Klasse 3: Hochleistungselektronik**
  Vom Produkt wird kontinuierlich Hochleistung gefordert. Ein Ausfall kann kritisch sein und ist nicht tolerierbar. Die Umgebungsbedingungen in der Endanwendung sind harsch. Beispielsweise lebenserhaltende Systeme,

3 Die Serienproduktion

Systeme die bei Ausfall zu Personenschaden oder Tod führen können, finden sich in dieser Klasse.

Die Klassifizierung führt somit auch zu den Abnahmekriterien und den Kriterien zur Wareneingangsprüfung. Achten Sie aber hier auf die Unterscheidung zur Produktenwicklung. Die IPC A 610 D gibt keine Hinweise auf die Funktionalität, diese wird vorausgesetzt und wird im Zuge der Entwicklung und Konstruktion des Systems verifiziert (siehe Kapitel 2.12).

3.6.4 Produktionsdaten - Rückverfolgbarkeit (= Traceability)

Die **Rückverfolgbarkeit** (englisch: *Traceability*) heißt, dass zu einem Produkt jederzeit festgestellt werden kann, wer, wann, wo die Ware hergestellt, verarbeitet, gelagert, transportiert, verbraucht oder entsorgt hat.

Das ist also die Rückverfolgung von Ware entlang der logistischen Kette vom Hersteller in Richtung Verbraucher. Das verfolgte Produkt ist typischerweise ein Los bzw. eine Charge (Merkmal: gemeinsame Losnummer / Chargennummer) oder ein einzelnes Exemplar des Produkts (eindeutige Seriennummer). Die Rückverfolgung kann nur einen Teil der Kette erfassen oder komplett vom Erzeuger bis zum Verbraucher erfolgen.

Quelle: www.wikipedia.de

Warum brauchen Sie nun die Rückverfolgbarkeit Ihrer elektronischen Produkte?

Würden Sie Ihren Elektronikfertiger fragen, welche Daten er in der Fertigung erfasst und damit rückverfolgen kann, so würden Sie wohl folgende Informationen erhalten:

3 Die Serienproduktion

Üblicherweise weiß er von jedem elektronischen Bauteil, welches er verarbeitet, die Chargennummer, in welcher Sammelverpackung es vor der Fertigung der Baugruppe verpackt war (Gurt). Er weiß, wann es von wem (seinem Lieferant) angeliefert wurde. Weiters kann er dann zuordnen von welcher Sammelverpackung das Bauteil auf eine ganz bestimmte Baugruppe bestückt wurde. Der Fertiger kann also genau sagen, von welcher Sammelverpackung (Gurt,...) ein Bauteil auf eine bestimmte Leiterplatte bestückt wurde (Die Leiterplatte ist meist Träger der Seriennummer). Er verfolgt alle Arbeitsschritte und Materialflüsse innerhalb seines Bereiches. Diese Rückverfolgbarkeit haben aber auch schon im Vorfeld die Bauteildistributoren und die Hersteller von elektronischen Bauteilen implementiert. So ist der Weg der elektronischen Bauelemente vom Hersteller der Bauteile bis zum Elektronikfertiger durchgängig dokumentiert.

Stellt nun z.B. ein Bauelemente-Hersteller fest, dass eine seiner Produktionschargen fehlerhaft war, so informiert er genau entsprechend seiner Daten nur diejenigen Distributoren, die auch fehlerhafte Teile der Charge bekommen haben. Die Distributoren informieren die Kunden, wozu z.B. auch Ihr Fertiger gehört, und wenn sie dann Pech haben, könnte es Sie treffen. Ihr Fertiger informiert Sie, dass genau auf denen zu Ihnen gelieferten Baugruppen ein Bauteil bestückt ist, welches fehlerhaft ist und zu einem Feldausfall führen kann. Er liefert Ihnen dazu die betroffenen Seriennummern mit. Nun sind Sie an der Reihe, sie müssen entscheiden, wie Sie diese Information innerhalb Ihrer Organisation weiter bearbeiten:

- Haben Sie eine funktionierende lückenlose Rückverfolgung, so könnten sie nur die Kunden informieren, die mit den Problemteilen beliefert wurden.
- Haben Sie dies nicht, könnten Sie eine Marktinformation machen und eventuell alles zurückholen.

3 Die Serienproduktion

Der Kostenunterschied wird enorm sein, nebst dem, dass Sie Ihren Markt erheblich mehr verunsichern, wenn Sie eine generelle Marktinformation machen.

Solche Dinge kommen vor. Ich habe das in meiner Tätigkeit der letzten 20 Jahre mehr als einmal erlebt. Der Aufruhr war immer gewaltig und nur wenn man eine solche Situation erlebt, schätzt man erst, was Traceability leistet. Ich rate Ihnen die Rückverfolgbarkeit Ihrer Produkte zumindest auf Chargenebene von Beginn an zu machen.

Die Rückverfolgung wird also einerseits für Rückrufaktionen beansprucht, andererseits können Sie aber auch Ihre Feldrückläufer klarer dokumentieren und feststellen

- wann die Baugruppe
- von welchem Mitarbeiter
- mit welchen Produktionswerkzeugen produziert wurde.

Es kann nämlich auch in Ihrem Assemblierungsprozess zu Fehlern kommen und da ist es auch wichtig zu wissen, welche Geräte betroffen sind.

Große Erfolge können Sie mit Traceability also auch beim Feldrücklauf erzielen. Sehen Sie dazu Kapitel 3.6.5.

Das wichtigste ist aber, dass sie während Ihrer Produktion (Assemblierung der Geräte) entsprechende Daten erfassen, die zur Qualitätsverbesserung führen. Erfassen Sie zu jedem Fertigungsschritt

- die Seriennummer der elektronischen Baugruppe
- die Dauer des Fertigungsschrittes
- den ausführenden Mitarbeiter
- eventuell die verwendeten Produktionswerkzeuge bzw. den Arbeitsplatz
- Ausfälle während des Produktionsschrittes und den Grund des Ausfalls.

3 Die Serienproduktion

Damit erhalten Sie zu jedem Gerät eine Geschichte und können bei nachfolgenden Problemen im Feld feststellen wer, wann, wo das Gerät produziert hat. Es könnte sich zum Beispiel herausstellen, dass Ausfälle einer bestimmten Art immer bei Geräten auftreten, die am Arbeitsplatz 1 produziert werden. Produzierte Geräte am Arbeitsplatz 2 haben nicht diese Ausfallrate. So könnten sie dann die Arbeitsplätze z.B. auf ESD-Schutz prüfen usw. Bestimmte Mitarbeiter produzieren bessere Qualität als andere. Schulungen können dann gezielt gesetzt werden.

Die Produktionsausfälle sind ebenfalls zu bewerten. Beispielsweise könnte ein Fertigungsschritt dazu führen, dass die Baugruppe beschädigt wird. Beispielsweise wird ein Steckverbinder aufgrund der umständlichen Einbaumethode abgebrochen. Wenn Sie dies erfassen, können Sie auch wieder entgegenwirken und eventuell, nach Rücksprache mit der Konstruktion, durch kleine Änderungen die Einbausituation verbessern.

Erfassen Sie also Ihre Produktionsdaten und werten Sie diese aus. Damit erhalten Sie wertvolles Feedback zur Produktverbesserung.

3.6.5 Feldrücklauf

Unweigerlich werden Sie bei den ersten Serienlieferungen, aber auch in weiterer Zukunft, Systeme aus den verschiedensten Gründen aus dem Feld zurückgeliefert bekommen. Dies passiert eben, weil Ihr System noch Fehlfunktionen aufweist oder auch Kunden das System „zerstören". Es lohnt sich diesen Rücklauf von Feldgeräten von Beginn an zu organisieren. Bauen Sie ein funktionierendes Feldrücklaufsystem auf. Erfassen Sie alle Daten der

3 Die Serienproduktion

Feldrückläufer. Sie werden damit große Erfolge erzielen und sich eine Unmenge an Zeit und Kosten sparen.

Sie können mit einem funktionierenden Traceability – System (siehe Kapitel 3.6.4) zu jeder Baugruppe eine Geschichte aufbauen. Erfassen Sie dann auch die Feldrückläufer, so könnten Sie von einer Baugruppe, die beispielsweise als Garantiefall zurückgeliefert wurde feststellen

- Wann die elektronische Baugruppe bei Ihnen vom Fertiger eingelangt ist
- Wann sie diese in das Zielsystem verbaut haben
- Welche Softwareversion auf der Baugruppe ist.
- Wer diese eingebaut hat
- Wann diese ausgeliefert wurde
- Ob die die Baugruppe schon mal zur Reparatur im Haus war
- ...

Erfassen Sie dann bei einem Rücklauf mindestens folgende Daten:

- Produkttype und Version
- Seriennummer des Produktes
- Welcher Fehler wurde beschrieben?
- Welcher ist der tatsächliche Fehler?
- Wie wurde der Fehler behoben?
- Wer hat das Gerät analysiert und repariert?
- eventuell auf welchem Arbeitsplatz analysiert und repariert wurde.

Wenn Sie die Beschreibungen der tatsächlichen Fehler der bearbeiteten Feldrückläufer **normieren**, das heißt, dass der Bearbeiter nicht willkürlich eine Fehlerbeschreibung eingeben kann, sondern aus einer Liste den Fehler wählen muss, so können Sie anschließend eine Auswertung über die

3 Die Serienproduktion

Fehlerbilder der Feldrückläufer machen und werden die Problemfelder genau erkennen können. Die Normierung der Eingabe ist ganz wichtig, denn nur dann können Sie vernünftige Auswertungen machen.

Hier ein Beispiel für eine normierte Fehlertabelle:

Fehlerbild	Fehlerursache	Lösung
Keine Anzeige am LCD	LCD defekt	LCD-Tausch
	Falsche Kontrasteinstellung	Kontrast justiert
		Kunde geschult
	Anschlusskabel defekt	Kabeltausch
Gerät zeigt keine Reaktion	Netzteil defekt	Netzteil getauscht
		Netzteil repariert
	Spannungsregler U5 defekt	U5 getauscht
	Anschlusskabel defekt	Anschlusskabel repariert
		Anschlusskabel getauscht

Tabelle 5: normierte Fehlertabelle für Feldrückläufer

Ihr Bearbeiter der Feldrückläufer (Reklamationen) kann bei der Erfassung der Fehlerbilder nur diese Fehler aus einer Liste auswählen. Er kann nicht selbst formulieren! Wichtig ist, dass bei dieser Liste jedes Fehlerbild nur einmal vorkommt. Somit können Sie sehr gut auswerten und erhalten einen klaren Blick auf die Problemfelder in Ihrem Produkt und können Verbesserungen zielgerichtet vornehmen.

3 Die Serienproduktion

Beispiel für eine NICHT normierte Eingabe:

Machen Sie keine Normierung passiert das Chaos in der untenstehenden Tabelle. Sie sehen in der Tabelle 6 Fehlerbilder, die in Wahrheit alle den gleichen Fehler beschreiben. Eine Auswertung auf ein bestimmtes Fehlerbild und die daraus folgende Erarbeitung von Korrekturmaßnahmen ist dann beinahe unmöglich.

Fehlerbild	Fehlerursache	Lösung
Keine Anzeige am LCD	LCD defekt	LCD-Tausch
	Falsche Kontrasteinstellung	Kontrast eingestellt
		Kundenschulung
	Anschlusskabel defekt	Kabeltausch
LCD zeigt nichts an	Defekt am LCD	LCD Tausch
	Kontrast falsch eingestellt	Kontr. neu justiert
Keine Anzeige	Anzeige defekt	Anzeige getauscht

Tabelle 6: Fehlertabelle – So sollte Sie **nicht** aussehen!

Ohne statistische Auswertung der Feldrückläufer können sie die Feldstabilität Ihres Produktes nur bis zu einem gewissen Grad beeinflussen. Speziell, wenn Sie hohe Stückzahlen liefern, und damit auch meist höhere Stückzahlen zurückgeliefert bekommen, kommt es ohne konsequente Auswertung der Fehlerbilder oft zu falschen Rückschlüssen. Zu einer statistisch brauchbaren Auswertung kommen Sie nur mit Hilfe einer normierten Datenerfassung, sprich, einer normierten Fehlercodetabelle.

3 Die Serienproduktion

Produktverbesserung auf Basis der Feldrückläufer

Im obigen Beispiel sehen Sie als Fehlerursache „Anschlusskabel defekt". Nehmen wir mal an, Sie haben 5000Stk. Ihres Produktes ins Feld geliefert und pro Monat erhalten Sie ca. 20Stk. als Reklamation Retour. Von diesen 20Stk. sind 12 mit dem Fehler „Anschlusskabel defekt". Offensichtlich haben Sie hier eine Schwachstelle. Sie können nun korrigierend eingreifen, die genaue Ursache für den Kabelbruch detektieren und durch Konstruktionsänderungen für die neue Serie den Fehler ausschließen.

Ich will hier aber nicht weiter ausholen. Ständige Verbesserung ist ein Teil des Qualitätsmanagements. Ich möchte nur darauf hinweisen, dass, je komplexer ein Produkt ist, umso wichtiger diese Themen werden.

Ich rate Ihnen wirklich eindringlich eine durchgängige Erfassung der Feldrückläufer sofort bei der ersten Serienlieferung (bereits bei der 0-Serie) ins Feld aktiv aufzubauen. Sie werden so Ihr Produkt viel schneller verbessern und erfolgreicher machen.

3.7 Nun wissen Sie alles

Nun sind Sie gewappnet, um Ihr erstes Produkt in Serie zu produzieren und in den Markt einzuführen. Oder doch nicht?

Nein, leider noch nicht. Elektronische Systeme sind auch in **Ihrer** Fertigung und Montage, also beim Einbau in das Zielsystem, vor negativen Umwelteinflüssen zu schützen. Sie müssen also beispielsweise auf ESD-Sicherheit oder auf die korrekte Handhabung und Lagerung der elektronischen Produkte achten. Sie müssen ein elektroniktaugliches Unternehmensumfeld aufbauen. Das sehen wir uns nun im nächsten Kapitel an.

4 Das elektroniktaugliche Umfeld

4. Schaffen eines Elektronik-tauglichen Produktionsumfeldes in Ihrem Unternehmen

4 Das elektroniktaugliche Umfeld

4.1. Allgemeines

Benötigen Sie für Ihr Produkt ein Edelstahlteil, welches im Sichtbereich Ihres Produktes montiert wird? Wenn nicht, nehmen wir einfach mal an, dass Sie es benötigen. Sichtteile in Edelstahl sind wichtig. Sie sind meist mit einer sauber geschliffenen oder gebürsteten Oberfläche ausgestattet und sollen den hohen Wert des gesamten Produktes unterstreichen.

Nun, wenn Sie diese Edelstahlteile in Ihrem Fertigungsbereich handhaben, so schützen Sie natürlich die Oberfläche vor mechanischen Schäden (Kratzer,...). Eventuell fassen Sie die Teile nur mit Handschuhen an, oder die Oberfläche der Teile ist mit einer Schutzfolie versehen um Fettflecken zu vermeiden. Sie schützen die Edelstahlteile gegen negative Umwelteinflüsse.

Es ist eigentlich ziemlich klar und für jedermann verständlich, wie sie mit den Teilen umgehen müssen. Gleiches machen Sie in Ihrem Fertigungsprozess wohl mit allen Teilen und Komponenten, die Sie für die Fertigung Ihres Produktes brauchen, ohne weiter darüber nachzudenken. Sie haben keine Probleme die Mitarbeiter daraufhin zu schulen, denn es ist ja klar verständlich, warum bestimmte umständliche Handgriffe (z.B. Handschuhe anziehen) notwendig sind.

Natürlich ist es für Sie als Hersteller eines Qualitätsproduktes klar, dass Sie auch Ihre neuen elektronischen Systeme entsprechend behandeln und diese Produktteile vor negativen Umwelteinflüssen während des Fertigungsprozesses schützen.

Elektronik ist aber anders!!

4 Das elektroniktaugliche Umfeld

Die Umwelteinflüsse, die sie beachten müssen, erweitern sich. Es geht nicht nur mehr um Belastungen durch mechanische Einflüsse und chemische Belastungen, sondern auch um

- Einflüsse durch elektrostatische Entladungen (ESD)
- Einflüsse durch elektrischen Strom zum Beispiel bei Test oder Inbetriebnahmen

Erschwerend kommt hier aber noch hinzu, dass diese Einflüsse nicht immer sofort fühlbar und sichtbar sind. Trifft zum Beispiel eine elektrostatische Entladung eine elektronische Baugruppe, so ist es lange nicht gesagt, dass dies zu einem Defekt geführt hat. Die Baugruppe könnte unversehrt sein. Sie könnte aber auch so getroffen worden sein, dass Sie bei Ihnen den Test positiv abschließt und dann nach 2-3 Wochen Betrieb im Feld ausfällt. Das elektronische System wurde aber eigentlich bereits bei der Produktion „zerstört". Sie haben also bereits mindere Qualität ausgeliefert.

Mitarbeitern ist es viel schwerer verständlich zu machen, warum bestimmte Vorkehrungen im Assemblierungsprozess einzuhalten sind, wenn der Schaden nicht umgehend ersichtlich ist. Das macht die Einführung von Elektronik im Unternehmen schwierig.

Das Umfeld in Fertigungsstätten (Assemblierungsstätten), in denen Elektronik verarbeitet wird, unterscheidet sich einfach von denen einer ausschließlich mechanischen Fertigung. Sie müssen Ihr Produktionsumfeld „elektroniktauglich" machen. Dies betrifft einerseits die Produktionsstätten selbst und anderseits meist auch die Ausrüstung und das Wissen der Mitarbeiter, die mit Elektronik ja noch nie Kontakt hatten und damit über den Umgang damit nicht Bescheid wissen.

4 Das elektroniktaugliche Umfeld

 Unterschätzen Sie das Thema keinesfalls. Wenn Sie Elektronikserien in Ihre Produkte verbauen. Bauen Sie unbedingt ein elektroniktaugliches Produktionsumfeld auf und sie werden sich viele Probleme im Feld und damit viel Geld ersparen!!

Natürlich ist der Aufbau mit Kosten verbunden. Ich kann Ihnen aber aus Erfahrung sagen, dass diese im Vergleich zu beispielsweise durch ESD verursachte Feldausfälle wesentlich geringer sind (einen ESD-Arbeitsplatz auszurüsten kostet ca. 200-400 EUR). Es ist wesentlich teurer, wenn Sie einfach so drauf los produzieren und Elektronik verbauen, ohne sich über das Umfeld in Ihrer Produktion zu kümmern. Ich kann Ihnen auch sagen, dass alle, die sich zu Beginn dem Thema nicht widmen, schon nach kurzer Zeit dazu gezwungen werden, das passende Produktionsumfeld zu errichten. Das tragische daran ist, dass Sie dann die Kosten der „Umfeld-Errichtung" und die der bereits aufgelaufenen Feldprobleme zu lösen haben.

Sehen wir uns nun die wesentlichen Elemente eines brauchbaren Umfeldes für die Fertigung (Assemblierung) von Produkten mit Elektronik an.

4.2. ESD-Schutz

ESD (**E**lectro-**S**tatic-**D**ischarge) ist die elektrostatische Entladung und beschreibt die Vorgänge und Auswirkungen beim Ausgleich von elektrischen Ladungen zwischen zwei unterschiedlich geladenen Materialien. Kommen diese Materialien in Berührung, werden positive und negative Ladungen ausgetauscht.
Sie kennen solche ESD-Entladungen mit Sicherheit und haben diese auch schon oft erlebt. Beispielsweise kommt es vor, wenn Sie aus Ihrem Auto

4 Das elektroniktaugliche Umfeld

aussteigen, dann die Karosserie berühren und es schlägt ein „Funken" über oder Sie bewegen sich über einen Teppichboden und fassen dann eine metallische Fläche an. Ja sogar wenn Sie jemanden Grüßen und dabei die Hand reichen, kann eine ESD- Entladung vorkommen. Manchmal empfindet man dies sogar als unangenehm. Solche Entladungen werden nämlich von Spannungen bis 30.000 Volt getrieben.

Elektrostatische Entladungen verursachen jährlich Millionenschäden in der Wirtschaft. Der bekannteste Schaden aus der Vergangenheit ist der Brand des Zeppelins „Hindenburg".

Mit der Entwicklung der MOS-Technologie in der Mikroelektronik ging eine steigende Komplexität der Halbleiterbauelemente bei immer höherer Integration von Funktionen auf kleinerer Fläche einher. In den elektronischen Bauelementen sind heute Strukturen im Sub-µm- Bereich zu finden. Daraus resultiert eine kritische Empfindlichkeit gegenüber ESD-Impulsen, also deren hohe Spannungs- oder Stromspitzen.

Erfolgt vergleichsweise eine Elektrostatische Entladung (ESD- Schlag) direkt auf ein hochkomplexes Halbleiterbauteil (Strukturen im µm-Bereich), so ist das vergleichbar mit einem Blitz, der durch ein Haus rast. Was dabei alles zerstört werden wird, brauche ich Ihnen wohl nicht weiter zu erzählen.

Heute wird davon ausgegangen, dass 10% der ESD-gestressten Halbleiterbauelemente Fehler verursachen. Diese Fehler können einen Totalausfall des Bauelementes herbeiführen oder viel schlimmer eine vorerst nicht erkennbare Beschädigung des Bauelements sein. Letzteres bleibt während der Produktion oft unerkannt und kann zu teuren Rückruf-Aktionen

4 Das elektroniktaugliche Umfeld

führen. Daher ist der Schutz vor elektrostatischen Entladungen (**ESD-Schutz**) heute in jeder Phase des Produktionsprozesses (Baugruppenfertigung) über den Einbau ins Zielgerät (Assemblierung) bis zur Wartung unverzichtbar. Auch Ihr Assemblierungsprozess (Einbau der Elektronik in das fertige Gerät) muss die Belastung durch ESD ausschließen.

Wie geht man nun vor, um sein Unternehmen ESD –sicher zu gestalten? Der Analyse des Gefährdungspotentials durch ESD innerhalb Ihres Unternehmens folgt eine Definition der grundsätzlichen ESD-Schutzstrategie, die aus

- „**internen**" Schutzmaßnahmen („Härtung" der elektronischen Bauelemente bzw. Baugruppen gegen ESD)
- „**externen**" Schutzmaßnahmen (Verhinderung unkontrollierter Entladungen) und
- **organisatorischen Schutzmaßnahmen**

bestehen sollte.

4.2.1 Interne Schutzmaßnahmen

Interne Schutzmaßnahmen werden üblicherweise durch den Entwickler des elektronischen Systems mit in die Baugruppe eingebaut. Sie haben dabei wenig beizutragen und brauchen sich nicht darum zu kümmern. Im Rahmen der CE-Kennzeichnung muss das komplette Gerät einer EMV-Prüfung (siehe Kapitel 2.12.3) unterzogen werden. Im Rahmen dieser Prüfung erfolgt auch eine Prüfung hinsichtlich Festigkeit gegen ESD. Haben Sie Ihren Einsatzbereich des Produktes klar definiert, so ist auch dieser Festigkeitswert definiert.

4 Das elektroniktaugliche Umfeld

 Die festgestellte Festigkeit gegen ESD im Rahmen der CE Prüfung gilt als Wert bei gebrauchsmäßiger Verwendung des Produktes. Alles ist im diesem Zustand verbaut! Die Elektronik ist nicht frei zugänglich und berührbar. Dieser Störfestigkeitswert hat also keine Relevanz hinsichtlich der Belastungen durch ESD während des Assemblierungsprozesses in Ihrem Haus!

4.2.2 Externe ESD - Schutzmaßnahmen

Externe Schutzmaßnahmen beziehen sich auf die Ausrüstung des Arbeitsplatzes und der Personen, die eben an diesem arbeiten. Es geht bei diesen Schutzmaßnahmen darum, einen elektrostatischen Überschlag zu verhindern und somit die Elektronik zu schützen

Ein ESD-Arbeitsplatz muss folgende Ausrüstung haben:

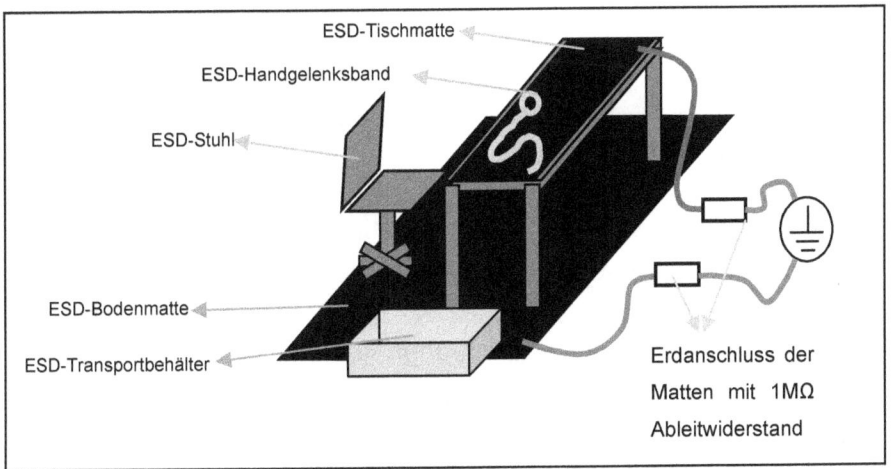

Bild 23: Ausrüstung eines ESD - Arbeitsplatzes

4 Das elektroniktaugliche Umfeld

Alle im Bild dargestellten Elemente (ESD-Stuhl, ESD-Tischmatte, ESD-Bodenmatte, Armgelenksband, ESD-Transportbehälter,...) sollte ein ordnungsgemäß eingerichteter ESD-Arbeitsplatz besitzen.

Die Bodenmatte kann heutzutage natürlich auch durch einen fix verlegten ESD-Boden ersetzt werden. Es gibt ESD-Böden, die durchaus auch ein schönes Design haben und passabel aussehen. Lassen Sie sich da beraten.

z.B. hier

http://www.statech.eu/d/index_d.htm

http://www.et-esd.de/

http://www.elme.it

An ESD-Arbeitsplätzen bringen Sie dann auch Warnhinweise an, die zeigen, dass hier mit ESD-gefährdeten Bauelementen bzw. Baugruppen gearbeitet wird.

Bild 24: Warnschild: elektrostatisch gefährdete Bauelemente
Quelle: www.labelident.com

Nachdem Sie den Arbeitsplatz ausgerüstet haben, sehen wir uns nun die Ausrüstung der Mitarbeiter an. Hier ist speziell auf die Kleidung zu achten. ESD-Bekleidung dient in erster Linie zur Isolierung von den persönlichen Kleidungsstücken der Mitarbeiter. Auf ESD-Kleidung kann nicht verzichtet werden, weil die persönliche Kleidung oft eine hohe Ladung aufgrund von Kunststoffanteilen in den Textilen hat.

4 Das elektroniktaugliche Umfeld

ESD-gerechte Arbeitskleidung schützt vor Aufladung und elektrischen Feldern, die durch die normale Bekleidung einer Person erzeugt werden. Sie muss die gesamte normale Bekleidung der Person abdecken und ist für ein elektroniktaugliches Umfeld unerlässlich.

 ESD-gerechte Bekleidung ersetzt keine Personenerdung über ein Handgelenksband!

ESD- Kleidung können Sie ebenfalls z. B. hier zukaufen
http://www.et-esd.de/
http://www.statech.eu/d/index_d.htm
Neben Kittel in verschiedenen Farben gibt es auch Overalls, Hosen, T-Shirts usw. und natürlich, auch ESD-Schuhe, die in ESD-Schutzzonen unbedingt getragen werden müssen.
Aus meiner Erfahrung empfehle ich Ihnen als Mindestausrüstung einen Kittel, ESD-Schuhe und ein Armgelenksband.

4.2.3 organisatorische ESD - Schutzmaßnahmen

ESD-Schulungen

Erfahrungen zeigen, dass alleine die Installation der ESD-Schutzmaßnahmen (Arbeitsplatz, Kleidung,...) für eine durchgängige Sicherheit nicht ausreicht. Die Schutzmaßnahmen werden erstmals in vielen Unternehmen von den Mitarbeitern als Hindernis, ja sogar als Schikane empfunden. Dies auch deshalb, weil ESD-Schäden schwer nachweisbar sind und regelmäßig nicht sofort zum Ausfall eines elektronischen Systems führen.

4 Das elektroniktaugliche Umfeld

Fasst ein Mitarbeiter außerhalb des Schutzbereiches eine elektronische Komponente an und es kommt sogar zur Entladung, heißt das noch lange nicht, dass das System nun defekt ist.

Genau aus diesem Grund ist die Einschulung sehr wichtig. Die Mitarbeiter müssen um die Gefahren durch ESD und deren Auswirkungen wissen, um die Schutzmaßnahmen zu verstehen.
Verwenden Sie dafür Schulungsvideos oder holen Sie sich einen Spezialisten ins Haus. Ich empfehle Ihnen auch die ESD-Schulungen in das Standardprogramm für die Einschulung von neuen Mitarbeitern aufzunehmen.
Schulen Sie nicht nur die Mitarbeiter, die direkt in den ESD-Schutzzonen arbeiten, sondern alle Mitarbeiter. Natürlich kann die Intensität unterschiedlich sein. Es sollte aber jeder im Unternehmen über den ESD-Schutz grundsätzlich Bescheid wissen.

Alle Mitarbeiter müssen sich der Tragweite von ESD-Schlägen auf elektronische Systeme bewusst sein, um die ESD-Maßnahmen zu verstehen.

ESD- sicherer Transport im Unternehmen
Werden elektronische Systeme innerhalb Ihres Unternehmens transportiert, oder verlassen eben solche Produkte Ihr Haus, so ist unbedingt auf die ordnungsgemäße ESD- Transportverpackung zu achten.
Innerhalb Ihrer Fertigungs- und Assemblierungsstätte gibt es für die Lagerung und den Transport von elektronischen Komponenten eigene ESD - Transportbehälter, die Sie unbedingt verwenden sollten.

Versenden sie elektronische Produkte (z.B. als Ersatzteile) zu Ihren Partnern, so verpacken Sie die Teile unbedingt mit Verpackungsmaterialien die ESD-

4 Das elektroniktaugliche Umfeld

Schläge ausschließen. Es gibt dafür spezielle – ESD-Säcke, ESD-Schaumstoff uvm. Sprechen Sie dazu mit Ihrem Lieferanten von Verpackungsmaterialien. Er kann Ihnen da sicher helfen.

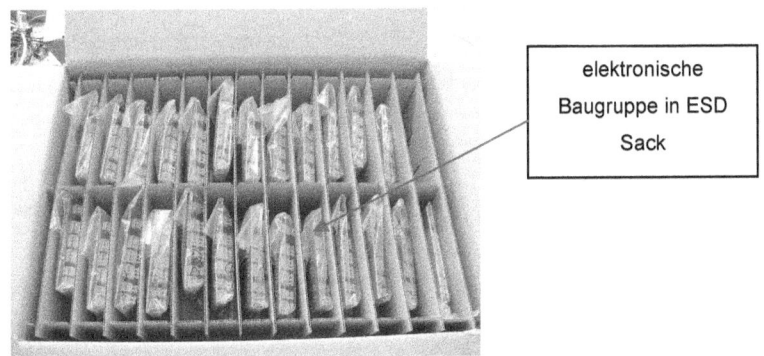

elektronische Baugruppe in ESD Sack

Bild 25: Verpackung von elektronischen Baugruppen in Fachwerk und ESD-Sack
Quelle: ekey biometric systems GmbH

ESD - gesicherter Bereich

Markieren Sie ESD-Schutzzonen in Ihrem Unternehmen. Gelbe Markierungsstreifen lassen ESD-Schutzzonen erkennen. Innerhalb dieser Zonen darf man sich nur mit der vorgeschriebenen ESD-Ausrüstung bewegen.

Damit diese Schutzeinrichtungen auch wirklich wirksam sind, müssen Sie diese Schutzzonen und das vorgegebene Verhalten in diesen Bereichen mit aller Konsequenz einhalten.

In Unternehmen, die sich neu mit dem Thema ESD beschäftigen, werden die Zonen nach und nach wieder aufgeweicht, da es doch ein gewisser Aufwand ist sich immer, wenn man die Schutzzonen betritt, entsprechend zu adjustieren (ESD-Kleidung, Schuhe,...). Ganz besonders fällt dies bei

4 Das elektroniktaugliche Umfeld

Mitarbeitern auf, die selten in den Bereich kommen. Aber auch Mitarbeiter die es eigentlich besser wissen sollten, wie z.B. Elektroniker, halten sich nicht immer an Schutzzonen. Ihre oft genannte Ausrede: „Ich fasse nichts an!" ist hier einfach inakzeptabel. Dies auch deshalb, weil die Anwesenheit eines elektrischen Feldes, das man als ESD-Ungeschützter eventuell mit sich „herumträgt", bereits zu Beschädigungen führen kann. Man muss also nicht einmal etwas anfassen!

Um die Wirksamkeit der ESD-Zonen keinesfalls zu umgehen, sind Sie als Führungskraft auch speziell gefordert.

- Betreten Sie auf keinen Fall ESD-Zonen ohne vorgeschriebene Adjustierung. Sie wirken hier ganz massiv als Vorbild und werden peinlich genau von Ihren Mitarbeitern beobachtet werden.
- Diese Sorgfalt muss auch für alle anderen Führungskräfte in Ihrem Unternehmen gelten. Weisen Sie diese auf die Problematik „ESD" sehr entschieden hin.
- Führen Sie Besucher durch die ESD-Schutzzonen, so rüsten Sie diese auch entsprechend aus (ESD-Mantel und ESD-Fersenbänder) und prüfen Sie die Ausrüstung an der Prüfstelle in Ihrem Unternehmen ab. Das macht Eindruck!
- Beobachten Sie, dass sich Mitarbeiter ohne ESD-Ausrüstung in die Zonen bewegen, schreiten Sie sofort ein. Seien Sie konsequent und lassen Sie dies auf keinen Fall zu.
- Prüfen Sie die ESD-Schutzeinrichtung speziell zu Beginn der Installation vermehrt. So sehen die Mitarbeiter, dass dies sehr wichtig ist, und sie werden schneller mit dem Thema leben lernen.

4 Das elektroniktaugliche Umfeld

ESD- Sicherheit ist sehr schwer zu erreichen. Einerseits, weil es neu im Unternehmen ist, es zu Mehraufwand und Einschränkungen durch die Adjustierungsvorschriften führt, weil es neue Handgriffe zum Beispiel für den Transport benötigt, aber vor allem deshalb, weil die Auswirkungen eines ESD-Schlages selten sofort am Produkt feststellbar sind! Würde das Produkt sofort bei einem Schlag „kaputt" gehen, und sie hätten eine Ausfallsquote durch das falsche Handling von 5-10%, so würden Sie sofort handeln und auch Ihre Mitarbeiter würden das verstehen und konsequent umsetzen.

Setzen Sie den organisatorischen ESD-Schutz in Ihrem Unternehmen wirklich konsequent um. Nur dann rechnen sich die gemachten Investitionen!

Verifizierung der ESD – Schutzeinrichtungen
ESD- Schutzeinrichtungen müssen in definierten Zeitabständen auf ihre ordnungsgemäße Funktion überprüft werden. Einerseits ist dies für die Ausrüstung jedes einzelnen Mitarbeiters zu machen, andererseits sind auch die arbeitsplatzbezogenen Schutzeinrichtungen in vernünftigen Zeitabständen zu prüfen. Nur dann hat man auch den unverzichtbaren, notwendigen Schutz.

Prüfung der Ausrüstung der Mitarbeiter
Die Ausrüstung der Mitarbeiter sollte mindestens täglich, bevor der Mitarbeiter den ESD-geschützten Bereich betritt, geprüft werden. Dabei empfiehlt es sich eine Prüfstation einzurichten, an der die Mitarbeiter beim Betreten der ESD-Zone Ihre Ausrüstung abchecken können. Prüfgeräte erhalten Sie wieder hier:
http://www.statech.eu/d/index_d.htm
http://www.et-esd.de/
http://www.elme.it

4 Das elektroniktaugliche Umfeld

Eine einfache Prüfstelle hat folgende Ausformung:

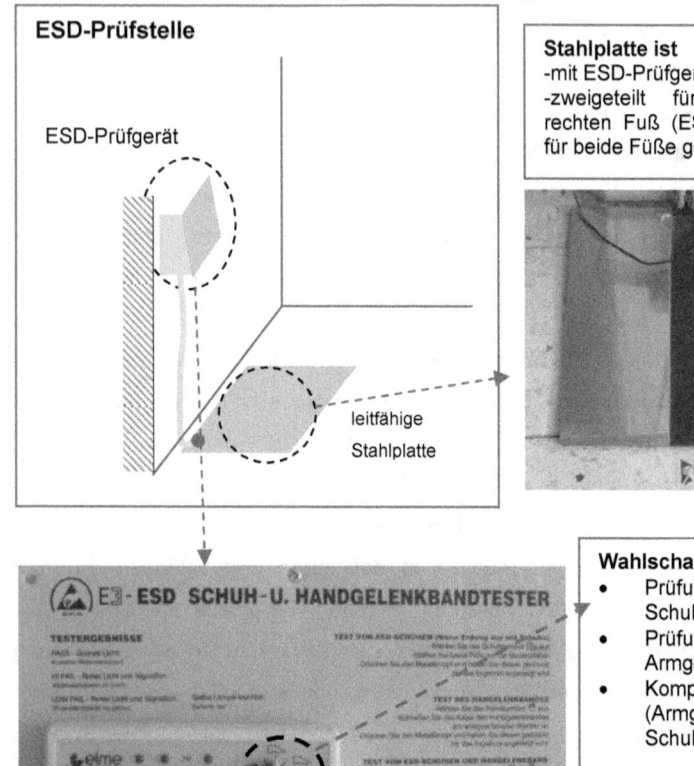

Bild 26: ESD-Prüfstation für die Ausrüstung der Mitarbeiter bei ekey biometric systems GmbH

4 Das elektroniktaugliche Umfeld

Die Mitarbeiter müssen einmal täglich ihre Ausrüstung prüfen, indem sie sich auf die leitfähige Metallplatte stellen und das Armgelenksband am Prüfgerät anschließen. Das Prüfgerät meldet dann, ob die Ausrüstung in Ordnung oder mangelhaft ist. Ist die Rückmeldung vom Gerät negativ (mangelhafte Ausrüstung) darf die ESD-Schutzzone keinesfalls betreten werden.

Im Sinne der Qualitätssicherung sollten Sie die Prüfungen auch dokumentieren. Eine einfache Lösung dafür ist, dass man neben dem Prüfgerät eine Liste mit den Namen der Mitarbeiter platziert, wo Sie Ihre Prüfung der ESD-Ausrüstung täglich mit einem Häkchen bestätigen.

Wiederum ist hier absolute Konsequenz der Einhaltung der Vorgaben gefordert. Sie als Führungskraft müssen mit gutem Beispiel vorangehen und jeder Umgehung der Prüfeinrichtung Einhalt gebieten.

Prüfung der Arbeitsplätze

Auch die Arbeitsplatzeinrichtungen müssen in definierten Zeitabständen einer Prüfung unterzogen werden. Dabei werden die Ableitwiderstände gegen Erde der

- ESD-Tischmatten
- ESD- Bodenmatten
- ESD- Stühle

gemessen und deren allgemeiner Zustand bewertet. Die Prüfungen, samt den Prüfergebnissen, sind zu protokollieren. Kommt es zu einem negativen Prüfergebnis, so muss der mangelhafte Arbeitsplatz umgehend in Stand gesetzt werden.

4 Das elektroniktaugliche Umfeld

Eine Fertigung und Assemblierung von Produkten mit elektronischen Komponenten auf einem nicht ESD-sicheren Arbeitsplatz darf keinesfalls erfolgen!

Der zeitliche Abstand dieser Prüfungen ist von Unternehmen zu Unternehmen unterschiedlich und reicht von 1x pro Woche bis 2x im Jahr. Es liegt hier an Ihrer Risikobetrachtung bzw. an Kundenvorgaben oder auch gesetzlichen Vorschriften (meist bei Geräten, wo ein Ausfall Gesundheit und Lebensgefahr bedeutet), wie oft Sie diese ESD-Verifizierung des Arbeitsplatzes vornehmen.

Manche Unternehmen erfassen bei der Fertigung ihrer Produkte auch über die Seriennummernverfolgung, auf welchem Arbeitsplatz, welche elektronische Baugruppe gefertigt wurde. So können Sie dann, im Falle eines entdeckten Mangels im ESD- Schutzbereich, Produkte aus dem Feld gezielt zurückrufen (falls erforderlich).

Dies ist aber schon ein sehr großes Maß an Sicherheit. Es kommt auf Ihr Produkt und die Serienstückzahlen an, wie weit Sie hier gehen. Es kann aber auch sein, dass Ihre Kunden bzw. auch Normen (z.B. Medizintechnik, sicherheitskritische Anwendungen) solche Daten und Dokumentationen fordern, dann müssen Sie diese Maßnahmen sowieso entsprechend in Ihren Assemblierungsprozess integrieren.

ESD bei Elektronik-Tausch im Feld

Haben Sie Ihr Produkt geliefert, so befindet es sich im Feld. Ihr Produkt verlässt die Schutzzonen und ist damit den Einflüssen der Betriebsumgebung im bestimmungsgemäßen Umfeld ausgesetzt.

Solange es in diesem Umfeld betrieben wird, ist das auch kein Problem. Das Produkt ist ja dafür konstruiert und ESD-fest. Es kann aber auch vorkommen,

4 Das elektroniktaugliche Umfeld

dass bei auftretenden Ausfällen Elektronikkomponenten Ihres Produktes im Feld getauscht werden müssen. Ist dies auch bei Ihrem Produkt vorgesehen, müssen Sie diesen Prozess der Ersatzteillieferung und den Tausch der Ersatzteile im Feld unbedingt auch im Hinblick auf Schutz gegen ESD organisieren. Beispielswiese gibt es von verschiedenen Anbietern spezielle „Außendienst Service-Kits" (z.B. hier http://www.elme.it)
Diese sind, bevor Sie mit dem Elektroniktausch beginnen, vom Service-Personal im Feld aufzubauen und erst anschließend dürfen elektronische Komponenten im Feld berührt werden.

- Haben Sie eine eigene Wartungs- und Serviceabteilung, so schulen Sie Ihre Mitarbeiter in diesem Bereich eindringlich und statten Sie sie mit den Außendienst Service-Kits aus.
- Arbeiten Sie mit Partnerunternehmen im Servicebereich zusammen, so fordern Sie diese Maßnahmen ein und halten Sie dies in Serviceverträgen unbedingt auch fest.
- Sind Sie OEM-Lieferant, so weisen Sie Ihren Kunden auf die Problematik hin und empfehlen Sie Ihm diese entsprechenden Maßnahmen zu setzen. Eventuell können Sie diese Maßnahmen auch in die Geschäftsdokumente (Vertrag, Auftragsbestätigung,…) mit einbinden.
- Verpacken Sie die elektronischen Ersatzteile ESD-geschützt. Es gibt dafür spezielles ESD-gerechtes Verpackungsmaterial! Sprechen Sie mit Ihrem Lieferanten von Verpackungsmaterial. Er kann Ihnen sicher weiterhelfen.

Speziell wenn Sie mit Partnerunternehmen im Servicebereich arbeiten oder OEM-Lieferant sind, sollten Sie das Thema klar mit Ihren Partnern definieren. Es ist Ihr Selbstschutz vor Feldproblemen. Tun Sie es nicht und es kommt zum Streitfall, ist die Schuldfrage schwer zu klären. In einem eventuellen Gerichtsverfahren ist die Entscheidung dann meist von der Meinung des

4 Das elektroniktaugliche Umfeld

Sachverständigen abhängig und da ist die Betrachtung nicht immer eindeutig. Haben Sie Ihre Partner auf die Probleme hingewiesen oder sogar die Maßnahmen gefordert, sind Sie auf der sicheren Seite.

4.3. Hantieren mit Elektronik

4.3.1 Elektronik anfassen - Handhabung

Elektronische Systeme sind im Gegensatz zu vielen anderen Produkten wesentlich anfälliger auf unsachgemäßen Umgang. In Elektronik-Bauteilen findet man Strukturen im µm–Bereich. Obwohl mechanische Schockbelastungen und Vibrationen bis 20g durchaus verkraftet werden, sollte man trotzdem dem Umstand der Anfälligkeit solcher kleinen Strukturen Rechnung tragen.

Weiters ist der Schutz gegen ESD (**e**lectro **s**tatic **d**ischarge) ein Muss. Bereits im vorhergehenden Kapitel ist dies eingehend beschrieben worden, und sie müssen sich daran unbedingt halten, um zuverlässige Produkte am Markt zu verkaufen.

Letztlich können aber auch chem. Einflüsse dem Produkt Schaden zufügen und die Lebensdauer einschränken. Öle, Fette usw., die Sie durch unsachgemäße Handhabung auf die Elektronikleiterplatte (nur durch Anfassen) bringen, können zu galvanischen Oxidationen und schließlich zum Ausfall der Elektronik führen.

4 Das elektroniktaugliche Umfeld

Schulen Sie alle Ihre Mitarbeiter entsprechend:

- Schützen Sie Ihre Elektronik-Komponenten vor ESD (siehe Kapitel 4.2)
- Berühren Sie Elektronik nicht an den Leiterflächen, sondern nur an den Stirnseiten der Leiterkarten. Ist dies nicht möglich (z.B. weil sie die Leiterkarte nur so einbauen können), so verwenden Sie Handschuhe oder Fingerlinge.
- Perfekt wäre es, wenn Sie generell passende Handschuhe (Achtung müssen ESD-gerechte sein) oder Fingerlinge tragen, wenn Sie elektronische Baugruppen anfassen. Beachten Sie aber, dass diese Handschuhe (Fingerlinge) auch sauber sind. Nur das Tragen kann eine falsche Sauberkeit vortäuschen! Ersetzen Sie die Handschuhe und Fingerlinge deshalb in relativ kurzen Zeitabständen durch neue.

In der IPC A 610D sind die Regeln für die Handhabung von elektronischen Baugruppen beschrieben. Diese sollten Sie auch für Ihr Produktionsumfeld berücksichtigen:

1. Halten Sie den Arbeitsplatz sauber und in Ordnung. Es darf dort weder gegessen, getrunken noch geraucht werden
2. Minimieren Sie die Handhabung elektronischer Baugruppen um Beschädigungen vorzubeugen
3. Werden Handschuhe benutzt, sind diese so oft wie erforderlich zu wechseln, um Verunreinigungen durch verschmutzte Handschuhe zu verhindern
4. Lötbare Oberflächen dürfen nicht mit bloßen Händen oder Fingern berührt werden. Körpersalze (Schweiß) und Körperfette führen zu schlechter Lötbarkeit und zu Korrosion

4 Das elektroniktaugliche Umfeld

5. Benutzen Sie keine Handcremes oder Lotionen die Silikon enthalten, die können zu schlechter Lötbarkeit und schlechter Haftung von Beschichtungen führen
6. Um physische Schäden zu vermeiden, nie elektronische Baugruppen übereinander stapeln. Für temporäre Lagerungen sind geeignete Gestelle / Magazine vorzuhalten.

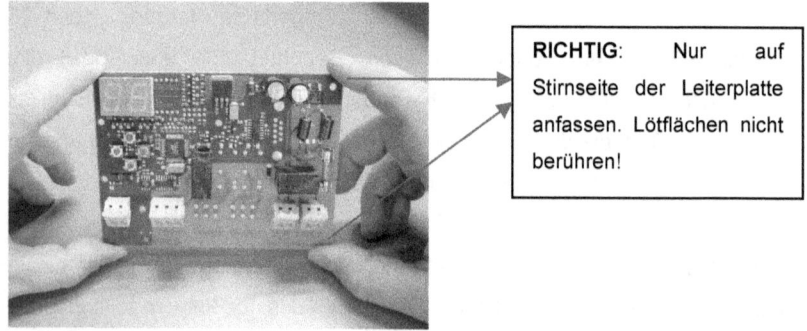

RICHTIG: Nur auf Stirnseite der Leiterplatte anfassen. Lötflächen nicht berühren!

Bild 27: Handling von Leitplatten - RICHTIG

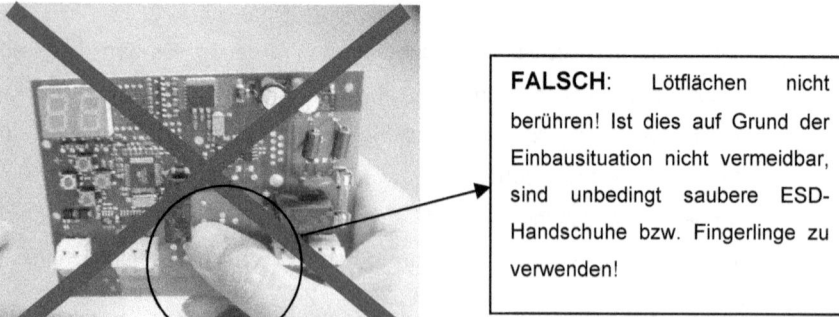

FALSCH: Lötflächen nicht berühren! Ist dies auf Grund der Einbausituation nicht vermeidbar, sind unbedingt saubere ESD-Handschuhe bzw. Fingerlinge zu verwenden!

Bild 28: Handling von Leitplatten - FALSCH

4 Das elektroniktaugliche Umfeld

4.3.2 Lagerung von elektronischen Systemen

Die Lagerung von elektronischen Systemen unterscheidet sich ebenfalls von herkömmlichen Produkten. Auch bei der Lagerung wirken Umwelteinflüsse auf das System:

- Temperatur
- Feuchtigkeit
- ESD
- elektromagnetische Felder
- eventuell chem. Einflüsse
- mechanische Einflüsse

Auch hier müssen Sie wiederum in Ihrem Lagerbereich ein entsprechendes Umfeld etablieren, um die Qualität Ihrer Produkte auf hohem Level halten zu können. Sie müssen unter Umständen die Lagerplätze adaptieren und Ihre Mitarbeiter im Lagerbereich entsprechend schulen.

Es gibt eine Vielzahl an Möglichkeiten, wie sie das machen. Ich würde Ihnen hier raten mit Ihrem Entwickler und Ihrem Fertiger der elektronischen Systeme Rücksprache zu halten. Diese sollen Ihnen die entsprechenden Definitionen liefern. Ein paar grundsätzliche Erfahrungen nenne ich Ihnen aber:

- ESD-Schutz: elektronische Systeme bleiben in ESD-geschützter Verpackung, oder sollten die Teile unverpackt gelagert werden, ist ein ESD-Schutz der Lagerflächen zu installieren.
- trockene Umgebung
- möglichst stabile Raumtemperatur 20°C (max.± 5°C)
- Platz genug für jedes Teil und kein ungeschütztes stapeln von Produkten. Zwängen Sie nicht viele Teile in eine „Lade". Es kann dann leicht zu mechanischen Beschädigungen kommen.

4 Das elektroniktaugliche Umfeld

Achten Sie darauf, dass die oben genannten Bedingungen auch
- bei Umlagerung,
- beim Transport vom Lager in Ihre Fertigung und
- bei Ersatzteillieferungen für Servicezwecke

eingehalten werden.

Bei manchen Systemen ist aber noch ein weiterer Aspekt zu berücksichtigen. Manche elektronischen Bauteile altern auch bei der Lagerung und nicht nur im Betrieb. Beispielsweise „trocknet" das Elektrolyt von sogenannten Elektrolytkondensatoren mit der Zeit aus. Akkumulatoren und Batterien entladen sich mit der Zeit selbst. Batterien können damit nur für einen bestimmten Zeitraum gelagert werden. Akkumulatoren können defekt werden, wenn man sie nicht in definierten Zeitabständen wieder auflädt.

Hier müssen Sie mit Ihrem Entwickler und Fertiger Ihres elektronischen Systems unbedingt Rücksprache halten. Definieren Sie eine maximale Lagerzeit für die Lagerung der Elektronik in Ihrem Haus. Achten Sie darauf, dass Sie diese Daten dann auch in die Bedienungsanleitung bzw. ins technische Datenblatt Ihres Produktes mit aufnehmen. Sorgen Sie dafür, dass die definierten, maximalen Lagerzeiten keinesfalls überschritten werden.

4.4. Die Gefahren des elektrischen Stromes

Elektronische Systeme brauchen als Energiequelle elektrischen Strom. Wie allgemein bekannt, birgt diese Energiequelle Gefahren für Leib und Leben von Menschen. In allen Bereichen des Lebens, wo wir mit dieser Energiequelle umgehen sind aus diesem Grund Schutzmaßnahmen getroffen bzw. müssen getroffen werden. Sie müssen sich, wenn Sie erstmals mit elektronischen

4 Das elektroniktaugliche Umfeld

Systemen zu tun haben, auch mit dem Thema Sicherheit und Gefahren durch elektrische Spannungen und Ströme auseinandersetzen und Ihren Produktionsbereich bzw. den Bereich, wo Sie mit elektrischem Strom beispielsweise für Test und Inbetriebnahme arbeiten, entsprechend der gesetzlichen Vorschriften absichern, um Ihre Mitarbeiter zu schützen.

Es kommt natürlich auf die geforderte Energiequelle Ihres Produktes an, welche Ausformung die Sicherheitseinrichtungen in Ihrem Unternehmen haben müssen. Dabei wiederum ist im Wesentlichen die Betriebsspannung das Kriterium. Wechselspannungen über 50V können bereits Schäden, Verletzungen bis zum Tod einer Person führen und aus diesem Grund sind entsprechende hohe Sicherheitsvorkehrungen zu treffen. Wechselspannung unter 50V und Gleichspannung unter 120V gelten, sofern die Aufbereitung dieser Spannung unter bestimmten technischen Voraussetzungen erfolgt (z.B. doppelte verstärkte Isolierung des Transformators,...) auch als Schutzkleinspannung (z.B. batteriebetriebene Geräte, Geräte mit Netzteil mit Schutzklasse II,...). Dabei treten, auch wenn Sie direkt in den Stromkreis fassen, grundsätzlich keine Schäden oder Verletzungen auf. Trotzdem ist ein Abschalten, wenn Sie an diesen Geräten hantieren, unbedingt zu empfehlen. Es können auch durch Kurzschlüsse usw. andere Gefahren lauern, beispielsweise könnte ein Bauelement heiß werden und man verbrennt sich die Finger oder ein Elektrolytkondensator ist verpolt bestückt und „explodiert". Also auch beim Betrieb von Geräten mit Schutzkleinspannungen ist ein gewisses Maß an Vorsicht beim Hantieren zu empfehlen. Speziell, wenn das elektronische System erstmals an Spannung gelegt wird.

Das Thema „Sicherheit im Umgang mit gefährlichen elektrischen Spannungen" ist ein sehr Umfangreiches und sie sollten sich dafür wirklich

4 Das elektroniktaugliche Umfeld

externe Hilfe holen. In Österreich kann Ihnen hier sicher die AUVA weiterhelfen. Bevor Sie also starten, nehmen Sie Kontakt auf und lassen Sie Ihre Produktionsstätte auch von Experten begutachten.

 Es geht hier um das Leben und die Gesundheit Ihrer Mitarbeiter!! Machen Sie keine Kompromisse!!

Ein paar Hinweise zum sicheren Umgang mit elektrischen Spannungen und die allgemeinen Sicherheitsregeln möchte ich Ihnen aber hier noch nennen:

Im Umgang mit elektrischen Spannungen gilt:

- Hantieren mit gefährlichen elektrischen Spannungen darf nur durch ausgebildetes Fachpersonal erfolgen!
- Wegen Unfallgefahr ist das Arbeiten an Teilen, die unter Spannung stehen, ausdrücklich verboten!!
- Bei Betriebsspannungen über 50V Wechselspannung oder 120V Gleichspannung sind Arbeiten an Teilen, die unter Spannung stehen, nur dann gestattet, wenn diese Teile aus wichtigen Gründen (z.B. großer wirtschaftlicher Schaden durch längeren Stromausfall) nicht spannungsfrei geschaltet werden können. Solche Arbeiten dürfen nur von **Elektrofachkräften mit einer entsprechenden Zusatzausbildung** ausgeführt werden, keinesfalls aber durch Lehrlinge bzw. Auszubildende (DIN VDE 0105).

Beachten Sie die Grundregeln beim Hantieren mit gefährlichen elektrischen Spannungen:

- **REGEL 1**: allpolig und allseitig abschalten

4 Das elektroniktaugliche Umfeld

Bevor in elektrischen Stromkreisen hantiert wird, ist alles abzuschalten. Im Hausbereich geschieht das z.b. durch Herausdrehen / Abschalten der Sicherungen / Schutzschalter.

- **REGEL 2**: Gegen Wiedereinschalten sichern

  Sichern sie sich ab, dass nicht versehentlich jemand wieder einschaltet.

- **REGEL 3**: Auf Spannungsfreiheit prüfen

  Prüfen Sie, bevor Sie mit den Arbeiten an der elektrischen bzw. elektronischen Anlage beginnen, ob tatsächlich Spannungsfreiheit herrscht und Sie gefahrlos im Stromkreis arbeiten können.

- **REGEL 4**: Erden und kurzschließen

  Diese Regel muss erst ab einer Spannung von 1000 Volt berücksichtigt werden, was bei Ihnen kaum auftreten wird. Trotzdem nenne ich Ihnen diese Sicherheitsregel. Zuerst muss geerdet werden, dann muss die ERDE mit den kurzzuschließenden, aktiven Teilen verbunden werden.

- **REGEL5:** Benachbarte, unter Spannung stehende Teile abdecken oder abschranken.

  Befinden Sich spannungsführende Teile in der Nähe (Reichweite) Ihres Handlings- (Arbeits-) bereiches, müssen Sie sich vor den davon ausgehenden Gefahren schützen. Bei Anlagen unter 1kV (=1000 Volt) genügen zum Abdecken der spannungsführenden Teile isolierende Tücher, Schläuche oder Formstücke. Über einer Spannung von 1kV müssen zusätzlich Absperrtafeln, Seile und Warntafeln angebracht werden. In diesem Fall muss auch der Körper gesondert geschützt sein, z.B. durch einen Schutzhelm mit Gesichtsschutz und hochisolierte Handschuhe.

4 Das elektroniktaugliche Umfeld

Die Gesundheit Ihrer Mitarbeiter ist Ihr Kapital! Nehmen Sie das Thema sehr ernst und sorgen Sie für die entsprechende Sicherheit im Umgang mit elektrischen Strömen und Spannungen!

Kennzeichnen Sie Bereiche, wo mit gefährlichen elektrischen Spannungen gerechnet werden muss. Bringen Sie beispielsweise gut sichtbar Gefahrenschilder an.

Diese Schilder erhalten Sie bei http://www.labelident.com/

Bild 29: Warnung vor gefährlicher elektrischer Spannung

Bild 30: Achtung Hochspannung Lebensgefahr !

Bild 31: Warnung vor elektromagnetischem Feld

4 Das elektroniktaugliche Umfeld

Bild 32: Warnung vor Gefahren durch Batterien

Überprüfen Sie die Arbeitsplätze regelmäßig, ob alle Schutzmaßnahmen aufrecht und nicht umgangen worden sind. Prüfen Sie auch, ob Schutzisolierungen intakt und nicht eventuell beschädigt sind. Sollte ein Mangel erkannt werden, beheben Sie diesen umgehend!

4.5 Abschluss

Damit haben wir auch das Produktionsumfeld in Ihrem Unternehmen elektroniktauglich gemacht. Sie können nun wirklich durchstarten.
Die folgenden letzten beiden Kapitel geben Ihnen Zusatzinformationen, die oft ganz hilfreich sind. Als erstes widmen wir uns dem Elektronik-Bauteilemarkt. Meine Erfahrungen mit diesem Markt, welcher oft chaotisch und unberechenbar ist, sollen Ihnen helfen logistische Entscheidungen einfacher treffen zu können. Es schadet nicht diese Eigenheiten des Marktes zu kennen. Man kann damit seine wirtschaftlichen Risiken sicher minimieren.

5 Der Elektronik-Bauteilemarkt

5. Der Elektronik – Bauteilemarkt

5 Der Elektronik-Bauteilemarkt

5.1. Allgemeines

Gleich vorweg möchte ich betonen, dass es sich bei den folgenden Inhalten um keine Marktstudie handelt, sondern um die Erfahrungen aus 20 Jahren Arbeit in diesem Markt. Ich habe also nicht tiefgreifend im Markt recherchiert, sondern meine Erfahrungen mit den Eigenheiten und Besonderheiten dieses Marktes niedergeschrieben.

Wenn Sie ein elektronisches System entwickeln lassen, oder auch als OEM zukaufen, werden sie unweigerlich mit den Besonderheiten und Eigenheiten dieses schnelllebigen Marktes in Berührung kommen. Auf Ihrem elektronischen System werden eben elektronische Bauelemente montiert, um die gewünschte Funktion des Systems zu erreichen. Diese Bauelemente gliedert man grob

- **aktive Bauelemente** z.B. Halbleiterbauelemente (Transistoren, Dioden, Mikrocontroller, Speicher,...
- **passive Bauelemente** wie Kondensatoren, Widerstände, Induktivitäten,...
- **elektromechanische Bauelemente** wie Relais, Schalter, Steckverbinder,...
- usw.

All diese Arten von Bauelementen werden auf Ihrem System über die Leiterplatte mechanisch und elektrisch verbunden und liefern damit die gewünschte Funktion. Fehlt nur **Eines** wird die Baugruppe nicht funktionieren.

5 Der Elektronik-Bauteilemarkt

5.2. Weltweite Logistik

Generell ist es so, dass nur ein Bruchteil der notwendigen Bauelemente auf Ihrem Produkt, wenn überhaupt eines, aus Mitteleuropa kommt. Bauelemente werden zum Großteil in Ost, Fernost, USA, ... produziert. Damit ist die Beschaffung der Bauelemente ein weltweit agierendes, logistisches Unterfangen. Und da zeigt sich nun die Schwierigkeit. Der Fertiger Ihrer Baugruppe erhält die Bauteile aus den weltweit verstreuten Produktionseinrichtungen der Bauelemente-Hersteller. Da kann viel passieren:

- eine Produktionsstätte brennt ab
- Das Flugzeug mit den Bauteilen für Ihr Produkt stürzt ab
- in Hamburg, wo Ihre Bauteile aus Taiwan angeliefert wurden streiken die Hafenarbeiter. Nichts geht mehr
- das Schiff, dass Ihre Bauteile transportiert, wird im indischen Ozean von Piraten gekapert ☺
- ein Blizzard legt den Osten der USA lahm. Nichts kann mehr nach Europa transportiert werden
- ...

Ich will Ihnen hier nicht Angst machen, denn in der Regel läuft alles planmäßig ab. Sie sollten sich nur dieser Gefahren bewusst sein und grundsätzlich damit rechnen, dass es zu erheblichem Terminverzug kommen kann. Bereiten Sie sich auf solche Scenarien vor. Wie schon oben gesagt: Erhält Ihr Fertiger von den vielen Bauteilen auf Ihrer Baugruppe nur eines nicht, kann er nicht fertigen und ein funktionierendes Produkt liefern!

5 Der Elektronik-Bauteilemarkt

5.3. Die Schnelllebigkeit des Marktes

Der Elektronik-Bauteilemarkt ist sehr schnelllebig. Dies gilt einerseits für die Produktlebenszyklen der einzelnen Produkte selbst, andererseits auch für die Marktzyklen, die schnell korrigieren bzw. wachsen. Betrachten wir mal die Produktlebenszyklen der elektronischen Bauelemente. Nehmen wir als Beispiel elektronische Speicher. Vor gut 20 Jahren hatte eine 1GB Festplatte die Größe eines Basketballs und war einige Kilo schwer. Denken Sie jetzt an ihren USB – Speicherstick. Wir groß und schwer ist dieser und vor allem wie viel Speicherplatz haben Sie darauf zur Verfügung? Da erscheinen die 1GB ja schon lächerlich!

Ähnlich sind auch die Entwicklungen bei Mikrocontrollern und Schaltelementen (Transistoren) verlaufen. Immer mehr Funktion und Leistungsfähigkeit wurde auf immer weniger Raum eingebaut. Dies bedingte einerseits, dass Produktionsmethoden Schritt halten mussten und weitgehend automatisiert sind, da diese Produkte per Handarbeit überhaupt nicht mehr produzierbar sind, andererseits mussten sich aber auch die Produktlebenszyklen immer weiter verkürzen, denn sonst wäre eine derartige Entwicklung überhaupt nicht denkbar. Sie müssen also davon ausgehen, dass ein elektronisches Bauelement 5 Jahre (manche auch schon früher) nach Markteinführung wieder abgekündigt wird und Sie dieses Produkt nicht mehr am Markt erhalten.

5.4. Distributionskanäle

Die meisten Hersteller von elektronischen Bauelementen organisieren den Vertrieb Ihrer Produkte über Distributionskanäle und bei diesen Distributoren hat Ihr Partner (Fertiger) die Bauelemente zu beziehen. Ein Bezug direkt ab

5 Der Elektronik-Bauteilemarkt

Werk ist nur bei sehr, sehr großen Stückzahlen überhaupt machbar und in Ihrem Fall, wenn Sie erstmals mit Elektronik zu tun haben, wohl kaum möglich. Große Unternehmen wie Nokia, Siemens,... kaufen natürlich aufgrund ihrer extrem großen Stückzahlen direkt bei den Herstellern zu. Diese Unternehmen haben mit dieser Kundenmacht auch einen Sonderstatus in der Versorgung mit den Produkten der Hersteller. Dazu später im Kapitel 5.5 mehr.

Im Bezug auf die Distributionskanäle und der Beschaffungsmärkte gibt es am Elektronik – Bauteilemarkt ein paar Eigenheiten:

- Projektschutz
- Rahmenverträge
- Verpackungseinheiten
- Brokerwaren

5.4.1 Projektschutz

Wenn Ihr Partner (Entwickler bzw. Fertiger) die Bauteile der Stückliste Ihres elektronischen Produktes erstmals anfragt, so nennt er beim Distributor auch einen Projektnamen und oft auch den Endkunden (sofern dies lt. Geheimhaltungsvereinbarung möglich ist). Damit wird sowohl beim Distributor, als auch weiterführend beim Hersteller, ein „Projekt" angelegt. Der Hersteller erfasst dabei den Projektnamen (Projektbezeichnung) und den Endkunden, was in diesem Fall Sie wären.

Der Distributor hat somit einen Quasi-Projektschutz vom Hersteller erhalten. Dies sichert ihm, sofern er der erste ist der das Projekt anfragt, einen Schutz des genannten Preises. Ein weiterer Distributor, erhält dann im Hinblick auf das Projekt nicht diesen „Schutzpreis", sondern einen entsprechend schlechteren bzw. er erhält überhaupt keine Preisauskunft. Die Hersteller machen wohl ungern doppelte Arbeit ☺ .

Soweit die Theorie. In der Praxis sieht es aber anders aus. Nur bei Großprojekten ist der Schutz überhaupt wirksam. Sowohl Distributoren als auch Ihr Elektronik-Fertiger sind erfinderisch und hängen Bestellmengen von „Kleinprojekten" bei anderen „Projekten", die in höheren Stückzahlen laufen und auch das gleiche Bauteil einsetzen, dazu, um so bessere Preise zu erhalten, die Sie dann wieder an Sie weiter geben können. So wird speziell bei kleinen Projekten der Preisschutz ausgehebelt.

Beschaffen Sie Bauelemente selbst und stellen diese dann Ihrem Fertiger bei, so scheuen Sie sich nicht bei mehreren Distributoren anzufragen, auch wenn Ihnen ein Distributor meldet er habe Projektschutz angemeldet.

5.4.2 Rahmenverträge

In der Elektronikbranche ist es üblich Rahmenverträge abzuschließen. Normalerweise mit einer Laufzeit von 1 Jahr. Längere Laufzeiten werden nur selten akzeptiert.

Der Grund für die Beschränkung auf 1 Jahr ist wohl in den schnellen Marktveränderungen in der Bauelemente-Branche zu suchen. Zusätzlich werden viele Produkte, vor allem die in höheren Preisklassen, in USD gehandelt. Damit sind natürlich beim Import in die EU-Währungsunion Währungsrisiken verbunden, die längere Laufzeiten nicht zulassen. Diese Beschränkung lassen im ersten Kettenglied der Beschaffungskette schon die Hersteller auf Ihre Distributoren wirken, die geben diese dann an die Fertiger weiter und dieser wiederum an Sie.

Klären Sie also Ihren Absatzmarkt klar ab, um die wirklich in einem Jahr benötigten Mengen zu bestellen. Die Rahmenlaufzeit lässt sich zwar meist noch um ein halbes Jahr strecken, aber spätestens dann müssen Sie damit rechnen, dass Sie die bestellten Mengen abnehmen müssen! Bei einem kulanten Fertiger als Lieferanten erhalten Sie dann eine Rechnung über zumindest die Materialen (Bauelemente), die er auch schon an seinen Lieferanten zahlen musste und damit auf seinem Lager liegen hat. Manche Fertiger produzieren auch gleich die noch offene Menge und Sie erhalten die Restmenge des Rahmenvertrages fertig produziert auf Ihr Lager. Liquiditätsengpässe könnten da vorprogrammiert sein.

5.4.3 Verpackungseinheiten

Elektronische Bauteile werden in Verpackungseinheiten geliefert. Diese Einheiten betragen in der Größe wenige Zehn (z.B. Mikrocontroller), bis zu etlichen Tausend (z.B. Widerstände). Abhängig von Ihrem Rahmenauftrag, muss der Fertiger die Bauelemente in Verpackungseinheiten bestellen. Da aber praktisch jede Bauteiltype (Mikrocontroller, Widerstand, Kondensatoren,...) in einer anderen Verpackungseinheit geliefert wird, ist es kaum möglich jedes Bauteil auf Stück genau entsprechend Ihrem Auftrag zu ordern. Es wird also zwangsläufig Übermengen geben, die nach Fertigstellung Ihres Auftrages übrig bleiben. Am Beispiel elektronischer Wasserzähler könnte sich das so darstellen:

Bauelement	benötigte Menge für Auftrag	Verpackungseinheit	Anzahl Verpackungs-Einheiten für Auftrag	Übermenge
Mirocontroller AT91M40800	1000	42	24	8
Widerstand 100E, 0402	3000	10000	1	7000
Kondensator 100n, 1206	1000	2500	1	1500

Tabelle 7: Übermengen nach Abschluss des Fertigungsauftrages

5 Der Elektronik-Bauteilemarkt

Sie sehen also, dass dem Fertiger nach Auftragsabschluss 8 Mikrocontroller, 7000 Widerstände und 1500 Kondensatoren übrig bleiben. Was macht er nun damit?

Nun das ist von der Art des Bauteils und auch von Ihrer Zusammenarbeit mit dem Fertiger abhängig:

- Benötigt er gleiche Bauteile für andere Kunden, so legt er diese auf sein Lager. Er wird Sie Ihnen nicht verrechnen. Üblicherweise ist das bei Widerständen und Kondensatoren der Fall, also bei Bauteilen, die in großen Verpackungseinheiten zu geringem Preis geordert werden können und praktisch auf jeder elektronischen Baugruppe zu finden sind.
- Stellen Sie Folgeaufträge in Aussicht, bzw. haben Sie diesen schon beauftragt, so berücksichtigt er diese Übermengen des ersten Auftrages natürlich auch beim neuen Auftrag und ordert nur mehr die fehlenden Restmengen, wo natürlich anschließend auch wieder Übermengen bleiben werden. Solange Sie Aufträge platzieren, wird sich dies so fortführen.
- Kann er das Bauteil in keinem anderen Produkt verwenden und stellen Sie auch keinen Folgeauftrag in Aussicht, so wird er Ihnen die Übermengen in Rechnung stellen.

Üblicherweise wird diese Vorgehensweise bei **Auftragsvergabe** schriftlich vereinbart.

5.4.4 Brokerwaren

Ein weiteres interessantes Element von Lieferanten im Elektronikmarkt sind sogenannte „Broker". Broker kaufen elektronische Bauelemente aus verschiedensten Lagerbeständen, vorrangig solche, die am Markt zu dem Zeitpunkt schwer bis überhaupt nicht erhältlich sind (siehe Kapitel 5.5 und 5.6). Dabei geht es darum, möglichst viel an Aufschlag pro Bauteil zu

5 Der Elektronik-Bauteilemarkt

erwirtschaften. Oft sind die Quellen nicht bekannt und manche Broker haben überhaupt ein völlig undurchsichtiges Geschäftsmodell. Manche kann man echt als Spekulanten bezeichnen. Die resultierenden Gefahren bei Waren, die von Brokern zugekauft werden, liegen in Bauteilen

- mit alten Datecodes (Produktionsdatum des Bauelementes)
- die nicht korrekt gelagert wurden
- die gefälscht wurden (auch das gibt es)
- die aufbereitet wurden, d.h. Die Bauelemente wurden mit neuem Datecode versehen, sind aber eigentlich schon älter.

Sie sehen schon, dass wohl die einzig vernünftige Vorgehensweise diejenige wäre, Waren von Brokern überhaupt nicht zuzukaufen. Doch leider ist es wirklich so, dass es manchmal nicht anders geht, um Liefertermine zu halten. Außerdem muss man auch sagen, dass nicht alle Broker gleich agieren und es durchaus auch korrekte Anbieter mit hohem Qualitätsstandard gibt, die die genannten Probleme weitestgehend ausschließen.

Trotzdem sollten Sie mit Ihrem Lieferanten (Fertiger) eine Übereinkunft treffen:

- kauft er Brokerwaren zu, so muss er Sie unbedingt vorher informieren. Sie müssen dieser Art der Beschaffung zustimmen.
- Er muss Brokerwaren beim Hersteller verifizieren lassen. In diesem Fall fragt er z.B. Produktionsstandort und Datecode beim Hersteller des Produktes ab. Damit kann festgestellt werden, ob die Ware tatsächlich vom genannten Hersteller stammt. Ist dies der Fall, ist das Risiko relativ gering an eine Fälschung geraten zu sein.

5 Der Elektronik-Bauteilemarkt

→ Sinnvoll wäre es auch noch den Entwickler, der die wesentlichen Parameter des gelieferten Bauteils nachprüft, zu kontaktieren. Eine Bemusterung und Prüfung der Ware ist unbedingt zu empfehlen.

Handeln Sie und Ihr Fertiger entsprechend, ist das Risiko durch Brokerwaren Schaden zu erleiden sicher gering.

5.5. Sie als kleiner Fisch im Haifischbecken

Wenn ihr Unternehmen Nokia, Sony, Microsoft, Apple, HP, Siemens,... heißt, dann brauchen Sie die nächsten Absätze nicht zu lesen. Diese großen Elektronik-Unternehmen kaufen, wie bereits oben erwähnt, direkt bei den Herstellern zu. Die Distributionskanäle sind hier weitestgehend nicht wirksam. Ich brauche Ihnen nicht zu sagen, dass diese Unternehmen eine enorme Marktmacht haben und damit einerseits die technologische Entwicklung der Hersteller vorantreiben, andererseits aber die Hersteller zur Einhaltung der Lieferverträge zu jedem Zeitpunkt drängen. Das ist auch grundsätzlich kein Problem. Erst wenn der Markt schnell anzuziehen beginnt und das Wachstum am Bauelemente-Markt anspringt, dann wird diese Tatsache eines. Das Fatale daran ist, dass das Problem selten die großen Abnehmer, sondern die „Kleinen" und damit Sie trifft. Ein Scenario könnte beispielsweise so aussehen: Ihr Fertiger der elektronischen Baugruppe wird Ihnen, sofern er nach Markstandards arbeitet, melden dass die Lieferzeiten für elektronische Bauelemente länger werden. Im Normalzustand sprechen wir im Schnitt von 8-10 Wochen. Beginnen die Zeiten auszureißen, dann sprechen wir für einzelne Bauelemente von 16-20 Wochen. Einige Bauelemente werden dann auch auf den Status „Allocation" gesetzt. In diesem Fall sagt der Bauelemente-Hersteller bereits, dass er keinen Liefertermin mehr nennen

5 Der Elektronik-Bauteilemarkt

kann. Die Bauelemente-Hersteller teilen die produzierten Mengen anhand der Produktionsüberschüsse zu. Das geht meist nach dem Motto, wer zuerst kommt, malt zuerst. Gibt es keine Überschüsse, wird auch nicht zugeteilt. Da können Wartezeiten bis zu einem Jahr rauskommen!

Das kann für Sie fatale Folgen haben, denn wenn auch nur ein Bauelement nicht geliefert werden kann, so kann ihre Elektronik nicht produziert werden und Sie können Ihr Produkt nicht fertigstellen!

Im Frühjahr 2010 ergab sich eine solche Situation. In Zeiten der vorausgegangenen Wirtschaftskrise haben viele Bauelemente-Hersteller ihre Produktionskapazitäten minimiert. Denn auch das ist eine Eigenschaft dieses Marktes. Die Hersteller schaffen es relativ schnell auf negative Marktereignisse zu reagieren und schließen einfach ihre „Fabs" (Bauelemente Fabriken). Der Aufbau der Kapazitäten nach einer Krise kann dann mit der wiedererstarkenden Marktnachfrage nicht Schritt halten. Die Lieferzeiten reißen unweigerlich aus.

2010 war es dann so, dass einige Hersteller die Lieferzeiten von Standardmaterial wie Klemmen sogar von 6-8 Wochen in Richtung 16 Wochen definierten. Mikrocontroller einiger Hersteller waren überhaupt auf „Allocation". Im Prinzip war der gesamte Markt eine einzige Katastrophe und man musste wirklich alle Quellen anzapfen, um an Bauelemente zu kommen. Das ging sogar so weit, dass Elektronik-Fertiger sich Bauelemente von der Konkurrenz, also von den Lagerbeständen anderer Elektronik-Fertiger zukauften. Elektronik-Fertiger halfen sich gegenseitig um produzieren zu können.

Was können Sie aber nun tun, um hier nicht unter die Räder zu kommen? Nun ein paar Vorkehrungen können Sie schon treffen, um lieferfähig zu bleiben:

5 Der Elektronik-Bauteilemarkt

- sobald der Markt Anzeichen oder sogar schon Informationen liefert, dass die Lieferzeiten anziehen, sollten Sie schnell reagieren und Ihre Materialversorgung sicherstellen.
- Ersatztypen (Bauteile mit gleicher Funktion aber von anderen Herstellern) wo immer möglich einsetzen. Das muss aber Ihr Entwickler machen und klären.
- Bauelemente die generell schwer zu beschaffen sind und wo auch keine Ersatztypen verfügbar sind, sollten sie in größerer Menge bevorraten bzw. beim Fertiger bevorraten lassen.
- Bauelemente vom Broker: ACHTUNG ! da gibt es auch Gefahren, die ich Ihnen im Kapitel 5.4.4 schon genannt habe.

Hören Sie auf die Ratschläge Ihres Fertigers. Er kennt die Situation und weiß, wie er hier halbwegs ohne Schrammen durch diese Zeit navigieren kann. Manchmal macht es da unbedingt Sinn Geld in die Hand zu nehmen und den Lagerbestand aufzubauen, um lieferfähig zu bleiben.

5.6. Abkündigung von Bauelementen und Ersatztypen

Die bereits oben erwähnte Schnelllebigkeit des Bauteile-Marktes führt dazu, dass Bauelemente abgekündigt werden, nicht mehr produziert werden und durch neue technologische Innovationen ersetzt werden. Üblicherweise ist das Vorgehen der Hersteller so, dass Sie über Ihre Distributionskanäle eine Information rausgeben die folgende Informationen beinhaltet:
- **Bauteiltype**: um welches Bauteil handelt es sich, welches nicht mehr produziert werden wird.
- **Last time buy**: Datum, an dem ein letztes Mal bestellt werden kann

5 Der Elektronik-Bauteilemarkt

- **Last time shipment**: Datum, an dem ein letztes Mal das Produkt ausgeliefert wird.
- **Ersatztype**: Welche Bauteile können Sie als Ersatz verwenden. Unter Umständen gibt es auch keinen Ersatz. (Atmel hat z.b. 2009 seine Produktion von Fingerprintsensoren eingestellt. Ersatztypen gab es nicht!)

Der Zeitpunkt dieser Information über eine Abkündigung liegt meist ca. 3Monate bis ein halbes Jahr vor dem „Last time buy" und ein halbes bis einem Jahr vor dem „Last time Shipment". Dies gilt aber keinesfalls generell.

Mit diesen Daten müssen Sie nun arbeiten und eventuell

- für Ihr Produkt Ersatztypen suchen
- Ihr Produkt umkonstruieren bzw. umentwickeln um neue Bauelemente-Typen einzubauen
- ein Bevorratungslager anlegen

Abkündigungen sind oft nicht vorhersehbar. Stellen sie sich vor, Sie lassen ein elektronisches System entwickeln, Ihr Partner designt einen Microcontroller ein, und wenn Sie mit der Entwicklung fertig sind, erhalten Sie die Nachricht, dass ihr Mikrocontroller abgekündigt wird. Das kommt vor! Ein Patentrezept gegen dieses Problem gibt es nicht. Sie können wiederum nur Ihren Entwickler anweisen, während der Entwicklung auf folgendes zu achten.

- Gibt es für das Bauteil Ersatztypen des gleichen Herstellers?
- Gibt es für das Bauteil Ersatztypen anderer Hersteller?

5 Der Elektronik-Bauteilemarkt

→ in welchen Mengen werden die gewünschten Bauteile am Markt verbaut. High-Runner leben länger. Ist das gewünschte Bauteil ein Nischenprodukt sollte man eher vorsichtig sein, es einzusetzen.

Weisen Sie durchaus im Lastenheft darauf hin, dass diese Prüfungen der Verfügbarkeit der Bauteile und Ersatztypen in der Entwicklungsphase von Ihrem Entwickler vorzunehmen sind und eine Risikobewertung zu machen ist.

Wie gesagt, Sie werden die Probleme mit Abkündigungen nicht verhindern können, aber das Risiko minimiert sich durch diese Prüfungen doch erheblich. Meine Erfahrungen haben gezeigt, dass dann Abkündigungen von Bauelementen doch mindestens 5 - 7 Jahre auf sich warten lassen und mit dem Zeitraum kann man sicher in den meisten Wirtschaftsbereichen leben. Ausnahmen bestätigen natürlich die Regel.

5.7. Neue Technologien

In der Elektronikbranche drängen neue Technologien mit unverminderter Geschwindigkeit seit Jahren auf den Markt. Die Devise heißt kleiner, kompakter, günstiger. Genau da liegt auch eine Thematik, die interessant ist. Nicht immer werden, trotz neuer Technologien, die bestehenden Produkte abgekündigt. Oft werden die „alten" Produkte weiter verkauft, weil Sie in vielen Systemen eingebaut werden und hohe Stückzahlen von den Herstellern fordern, die guten Deckungsbeitrag abwerfen.

Auch wenn Ihr Produkt nicht abgekündigt wurde, sollte zumindest alle 1-2 Jahre mal geprüft werden, ob es nicht ein neues Produkt mit neuen Funktionen und Eigenschaften am Markt (auch vom gleichen Hersteller) gibt, welches mit moderatem Aufwand in Ihr Produkt eingebaut werden kann. Speziell bei komplexen Halbleiterbauelementen wie Mikrocontrollern,

5 Der Elektronik-Bauteilemarkt

Speicher,... kommt es vor, dass sich eine Neuentwicklung/Umentwicklung schnell rechnet. Sie haben hier also die Möglichkeit, über die Technologieentwicklung am Bauteilsektor Ihr Produkt bei gleichzeitiger Kostenminimierung zu modernisieren. Sprechen Sie mit Ihrem Entwickler von Zeit zu Zeit über dieses Thema.

5.8. Fehlerhaft gelieferte Bauelemente

Vorab möchte ich gleich die Seltenheit der Anlieferungen von fehlerhaften Bauteilen anmerken. Elektronische Bauelemente werden in Ihrem Produktionsprozess sehr strengen Tests (Endkontrollen) unterzogen. Die Komplexität der Bauelemente lässt es aber meist nicht zu, diese Tests auf 100% Testabdeckung hochzuschrauben. So kann es doch vorkommen, dass es fehlerhaft gelieferte Bauteile gibt. Dabei muss unterschieden werden:

- **einzelne Bauteile sind generell nicht funktional:** Sofern die Menge sehr klein ist (weit unter 0,1% der angelieferten Menge), ist das kein Problem. Ist sie größer sind Maßnahmen erforderlich. Allerdings wickelt das üblicherweise Ihr Fertiger ab. Sie können nur insofern betroffen sein, als dass sich die Lieferzeit der fertigen Baugruppe verschiebt.
- **gesamte Menge weist eine Fehlfunktion auf:** In diesem Fall steckt meist ein Serienfertigungsfehler bzw. ein Konstruktionsfehler des Herstellers dahinter. Auch hier wickelt den Austausch und die Reklamation Ihr Fertiger ab. So können Sie wieder unter Umständen von einer Lieferterminverschiebung betroffen sein.
- **Bauelemente sind funktional in Ordnung, weisen aber Abweichungen hinsichtlich der definierten Daten lt. Datenblatt auf.** Das heißt, ein im

5 Der Elektronik-Bauteilemarkt

Datenblatt angegebener Minimal oder Maximalwert wird am Produkt nicht eingehalten.

Auf Punkt drei möchte ich nun näher eingehen, da dies ein äußerst kritischer Fall ist. Der Fertiger verbaut ein Bauelement im Glauben, es ist in Ordnung. Bei der Endkontrolle der Baugruppe fällt die fertig produzierte Baugruppe auch nicht aus, da er nicht jedes Bauteil auf alle seine Parameter prüft. Dies ist auch gar nicht möglich, da er die dafür notwendigen Apparaturen nicht besitzt und auch nie besitzen wird. Sie können das auch nicht von ihm fordern.

Zusätzlich fällt das auch nicht auf, weil der fehlerhafte Parameter des Bauelementes in Ihrer elektronischen Baugruppe nicht wirksam ist.
Hier ein kurzes Beispiel, was ich damit meine: Im Datenblatt steht für einen Microcontroller eine maximale Ruhestromaufnahme von 1mA. In Ihrer Baugruppe wird der Microcontroller aber nie im Ruhezustand betrieben. Damit wird darauf auch nicht geprüft, weil der Parameter für Sie unwirksam ist.

Die gefertigten Baugruppen werden als für gut befunden, an Sie geliefert, Sie verbauen diese in Ihr Produkt und bringen Ihr Gerät in den Markt.

Nach einigen Wochen erhält Ihr Fertiger oder auch Sie selbst, je nachdem wer des Bauteil bestellt hat und vom Bauteildistributor geliefert bekommen hat, vom Hersteller des Bauteiles eine Information über die Abweichungen der Parameter des Bauteils zu den Daten im Datenblatt. Was nun ?

Gleich vorweg, für das Vorgehen beim Auftreten dieses Problems gibt es keinen generell gültigen Weg zur Abarbeitung. Es muss von Ihnen von Fall zu

5 Der Elektronik-Bauteilemarkt

Fall entschieden werden, weil viele Umfeldfaktoren wie Markt, Kosten, Gesetze,... zu berücksichtigen sind.
Es muss nun erstmals eine Prüfung erfolgen. Der Entwickler hat zu prüfen, ob der fehlerhafte Parameter überhaupt Einfluss auf die Stabilität Ihres Produktes im Feld hat. Wie bereits oben beschrieben ist ja beispielsweise eine Abweichung der Ruhestromaufnahme in Ihrem Produkt irrelevant. Also gehen wir mal davon aus, dass der Parameter für Sie **irrelevant** ist. Dann erfolgt die Entscheidung, inwieweit Sie trotzdem darauf reagieren.

- Sie können gar nicht darauf reagieren
- Sie könnten Ihre Kunden informieren, aber darauf hinweisen, dass es keine Gefahr des Feldausfalles gibt.
- Sie könnten trotzdem eine Rückholaktion starten, weil sie beispielsweise in einem sicherheitskritischen Bereich unterwegs sind (explosionsgefährdete Bereiche, sicherheitskritische medizintechnische Anwendungen usw.). Hier wäre unter Umständen auch ein Abgleich mit der prüfenden Behörde notwendig.

Sie müssen entscheiden!

Hat der fehlerhafte Parameter Einfluss auf die Produktstabilität bzw. sind erhöhte Feldausfälle zu erwarten, dann müssen Sie reagieren. Aber auch hier ist die Reaktionsbandbreite erheblich. Sie reicht ebenfalls von der

- Marktbeobachtung und Reparatur bei Feldausfällen bis
- kompletten Rückholaktion der betroffenen Produktionschargen

Rückholaktionen sind teuer. Diese Maßnahme kostet richtig Geld. Zwar können Sie sich bei den Lieferanten zumindest in einem gewissen Maß schadlos halten, da es ja nicht Ihr Verschulden ist. Die Gesamtkosten die Ihnen aber durch das fehlerhafte Bauteil entstehen, werden meist nie abgedeckt. Rückholaktionen führen zu massiven Marktturbulenzen und teilweisen Vertrauensverlust der Kunden. Jegliche Begrenzung der Mengen der Rückholaktion ist damit erwünscht. Um dies zu erreichen brauchen Sie ein durchgängiges Traceability-System (Siehe 3.6.4) vom Lieferanten, über Sie bis zu Ihren Kunden. Nur dann haben Sie die Möglichkeit, die betroffenen Baugruppen zu filtern und zielgerichtet zurück zu rufen.

Aber nicht nur bei Rückholaktionen ist die Identifizierung der Baugruppe wichtig. Auch wenn Sie sich dafür entscheiden das Problem sukzessive über die Feldrückläufe zu beheben, müssen Sie wissen, welche Baugruppen betroffen sind.

Wie schon oben erwähnt, kommen fehlerhafte Bauelemente sehr selten vor und daraus folgende Rückholaktionen noch seltener, weil man oft mit der Fehlfunktion leben muss. Ich habe eine Rückholaktion erst 3mal in meiner Laufbahn mitgemacht. Abhängig von der Menge von Produkten im Feld rentiert sich der Aufwand der Produktverfolgung (Traceability) bei einem einzigen Auftreten einer Rückholaktion, auch wenn sie jahrelang kein Problem hatten. Widmen Sie also der Produktverfolgung von Beginn an Ihre Aufmerksamkeit und schaffen Sie diese Datenbasis mit dem ersten Stück, das sie an Ihre Kunden liefern.

5.9. Abschluss

Der Markt für elektronische Bauelemente ist ein wahrhaft verrückter. Stellen Sie sich wirklich auf diesen Markt ein, um lieferfähig zu bleiben. Arbeiten Sie intensiv mit Ihren Partnern / Lieferanten zusammen.

Mehr bleibt mir nicht zu sagen!

So, damit kommen wir zum letzten Kapitel. Die Einführung von Elektronik in ein Unternehmen führt zu Veränderungen beginnend bei den Arbeitsweisen einzelner Mitarbeiter bis zur Unternehmenskultur. Veränderungen bergen aber auch Gefahren. Es ist deshalb wichtig, dass der Veränderungsprozess bei der Einführung von Elektronik in ein Unternehmen ordentlich geplant und konsequent umgesetzt wird. Die dafür notwendigen Betrachtungsfelder des Veränderungsprojektes möchte ich Ihnen noch mitgeben.

6 Change – Veränderungen im Unternehmen

6. Change-Veränderungen im Unternehmen

6 Change – Veränderungen im Unternehmen

6.1. Einleitung

Elektronik führt zu Veränderungen in der Kultur Ihres Unternehmens. Managen Sie diesen Veränderungsprozess!

Die erstmalige Beschäftigung eines Unternehmens mit Elektronik, beispielsweise beim Aufbau einer neuen Produktpalette, oder auch die erstmalige Einführung von Elektronik in ein Kernprodukt, ist meist eine ganz besondere Erfahrung für alle Beteiligten. Die dafür notwendigen organisatorischen Änderungen im Unternehmen sind nicht unerheblich, nicht trivial und bedürfen einer sorgsam geplanten Vorgehensweise unter Einbeziehung der betroffenen Mitarbeiter.

Es ist ein „Change-Projekt" zu starten und die Elemente des Change-Managements sind dabei unbedingt zu berücksichtigen. Eine Vielzahl von Hürden und Problemen muss bewältigt werden.
Nehmen sie sich also folgende Themen zu Herzen und berücksichtigen Sie dies bei der Einführung von Elektronik in Ihre Produkte und Ihr Unternehmen, um die Hürden nicht unüberwindbar werden zu lassen.

6.2. Grundlagen des Change-Managements

Veränderungen in Unternehmen getragen durch Marktveränderungen, gesellschaftliche Änderungen oder technische Veränderungen, wie in unserem Fall hier, führen zwangsläufig zu Umwälzungen im
- **technisch, instrumentellen System** (neue Werkzeuge, Materialien, Prozesse, Räumen…)

6 Change – Veränderungen im Unternehmen

- **sozialen System** (neue Gruppen, neue Mitarbeiter, neue Führungskräfte und Hierarchien,...
- **kulturellen System** (Mission, Zweck des Unternehmens, strategische Ausrichtung des Unternehmens, neue Zielsetzungen)

Ihr Unternehmen ist über Jahre, vielleicht Jahrzehnte, gewachsen und die Vorgaben, Richtlinien in den einzelnen Systemebenen sind von den Mitarbeitern anerkannt und verinnerlicht. Die Systeme geben den Mitarbeitern die notwendige Sicherheit gebraucht zu werden. Die Veränderungen führen nun dazu, dass diese etablierten Regeln der Zusammenarbeit verändert werden und damit zu Unsicherheit und Verwirrung führen. Je tiefer die Veränderung geht, umso größer wird die Verunsicherung. Führt man z.B. nur eine neue Software ein, um die Produktionsdaten zu erfassen, so ist das meist weniger ein Problem. Verändert aber ein Unternehmen seine Strategie und lagert z.B. Produktionseinheiten aus, so greift dies massiv ins kulturelle System ein und es führt zu massiver Verunsicherung der Mitarbeiter, auch wenn dabei kein einziger Mitarbeiter gekündigt wird. Ängste führen zu verminderter Leistungsfähigkeit der Mitarbeiter und hemmen einerseits die Produktivität und andererseits auch den Veränderungsprozess. Solche Ängste sind:

- **Komfortangst** – Aufgeben von Gewohnheiten, Aufgaben, Zuständigkeiten
- **Leistungs- bzw. Erfolgsangst**: Bin ich weiter erfolgreich? Sind meine Stärken noch gefragt?
- **Beziehungsangst**: Mit wem, muss ich wie zusammenarbeiten? Muss ich neue Partner im Unternehmen finden?
- **Existenzangst**: Kann durch die Veränderung meine Existenz gefährdet sein?
- **Identitätsangst**: Bleibe ich im Unternehmen der, der ich bin?

Quelle: Universität Klagenfurt; Lehrgang akademischer Business Manager

6.3. Die 2-6-2 Regel

Menschen reagieren auf Veränderungen und den damit verbunden Ängsten unterschiedlich. Manche fordern Veränderungen, sie können es gar nicht erwarten etwas zu verändern und unterstützen jede Veränderung. Der überwiegende Teil wartet erst mal, unterstützt nicht, verhindert aber auch nichts und letztlich gibt es die Bewahrer oder Verhinderer. Diejenigen, die grundsätzlich alles Neue verhindern, alte Vorgehensweisen bewahren wollen (es hat doch immer funktioniert, warum ändern?) und oft auch massiv gegen Veränderungen auftreten. Das Verhältnis dieser Gruppen kann man in der 2-6-2 Regel zusammenfassen:

Von 10 Mitarbeitern werden

2 die Veränderung unterstützen

6 abwarten und vorläufig nichts tun

2 die Veränderung zu verhindern versuchen

Für das Gelingen einer Veränderung im Unternehmen ist es damit für Sie als Projektleiter des Veränderungsprojektes eklatant wichtig, die 6 abwartenden Mitarbeiter sukzessive auf die Seite der Unterstützer zu bekommen. Schaffen Sie das, haben Sie gewonnen. Bleiben die Verhinderer siegreich, wird ihr Veränderungsprojekt scheitern und das Arbeiten mit elektronischen Produkten lange nicht erfolgreich sein.

6 Change – Veränderungen im Unternehmen

6.4. Die Einführung von Elektronik – Umfang der Veränderung

Die Einführung von Elektronik ist üblicherweise mit massiven Veränderungen verbunden und greift in alle organisatorischen und kulturellen Gegebenheiten des Unternehmens ein.

- Neue Werkzeuge (Programmiergeräte, Lötkolben, elektrisches Werkzeug,..)
- neue ausgestattete Arbeitsplätze (Gefahren durch elektrischen Strom, ESD-Arbeitsplätze...)
- neuer Umgang mit dem Produkt (Handling, Handschuhe, Lagerung...), neue Software (Traceability,..)
- oft neue Mitarbeiter mit einschlägigen Ausbildungen, neue Arbeitsgruppen,
- neue Lieferanten, Partner, Berater
- Neue Zielsetzungen, neue Märkte und damit neue Ausrichtung des Unternehmens, neue Marketingstrategien.
- ...

Quelle: Universität Klagenfurt; Lehrgang akademischer Business Manager

Sie haben also ein umfangreiches Change-Projekt vor sich liegen. Managen Sie dieses ordentlich und gewissenhaft, denken sie vor allem an die Soft-Facts, an die Ängste, Bedürfnisse, das Wissen und die Möglichkeiten Ihrer Mitarbeiter, dann kann das Projekt gelingen.

Die ordentliche Planung und strukturierte Vorgehensweise in diesem Change-Projekt ist unbedingt wichtig.

6.5. Elemente für ein erfolgreiches Change-Projekt

Die 4 Fragen-Check für ein erfolgreiches Change-Projekt:
- Leidensdruck ausreichend? Sind wir gezwungen Elektronik einzuführen?
- Ist eine Vision definiert. Wissen wir, was am Ende des Projektes herauskommen soll?
- Ist eine deutliche Zustimmung seitens der Führungskräfte gegeben? Ziehen alle an einem Strang?
- Ausreichend Ressourcen (in Qualität und Quantität) für Veränderungen vorhanden?

Nur wenn Sie diese 4 Fragen positiv beantworten können, sollten Sie mit einem Veränderungs-Projekt starten. Ist das der Fall, können Sie sich nun Gedanken in Richtung Umsetzung machen. Arbeiten sie dafür folgende Themen aus und strukturieren Sie Ihr Projekt entsprechend.

6.5.1 Klar definierte Ziele und genau definierter Zeitrahmen

Definieren Sie die Ziele in Ihrem Projekt eindeutig. Machen Sie klar warum Sie die Veränderung durchführen müssen und welche Ziele angestrebt werden. Erklären Sie, warum Ihr Produkt nun mit Elektronik ausgestattet werden muss. Denken Sie dabei an:
- Neue Marktchancen
- Kostenminimierung zur Wettbewerbserhöhung
- Sicherung der Märkte
- Modernisierung der Produkte
- Qualitätsverbesserung der Produkte
- ....

6 Change – Veränderungen im Unternehmen

Auf keinen Fall sollten sie Scheinziele erfinden und diese kommunizieren. Dies kann spätestens dann, wenn sich das echte Ziel herausstellt, gefährliche Kreise ziehen und Ihrem Unternehmen viel Geld kosten. Sagen Sie die Wahrheit, auch wenn es unter Umständen für die Mitarbeiter keine guten Nachrichten sind und es unangenehm ist.

Machen Sie einen genauen Zeitplan, wann, welche Themen umgesetzt sein müssen. Für das Projekt der Elektronikeinführung heißt das:

- Wann ist das Konzept fertig?
- Wann ist die Entwicklung abgeschlossen?
- Wann startet der Feldtest?
- Wann sind die Produktionseinrichtungen installiert?
- Wann erfolgt die Einschulung der Mitarbeiter?
- Wann erfolgt die Markteinführung
- ....

Kommunizieren Sie die Ziele und Termine frühzeitig zu den Führungskräften und holen Sie sich deren Zustimmung. Es ist extrem wichtig, dass alle Führungskräfte hinter dem Projekt stehen und es aktiv unterstützen. Denn eines ist sicher, es wird kritische Stimmen geben. Ist es eine Führungskraft, die sich kritisch äußert, so ist das umso gewichtiger und kann die erfolgreiche Umsetzung be- bzw. verhindern.

Erst nach der Zustimmung der Führungskräfte kommunizieren Sie das Projekt, seine Ziele und die Zeitplanung an die Mitarbeiter. So vermeiden Sie vorne weg Gerüchte und Falschinformationen. Die Mitarbeiter wissen dann, was auf Sie zukommt und können sich darauf einstellen. Die 2-6-2 Regel wird hier schon wirksam werden. Von jetzt an gilt es die „6 abwartenden" Mitarbeiter als Unterstützer des Projektes zu gewinnen.

6 Change – Veränderungen im Unternehmen

6.5.2 Definierte Kriterien der Erfolgsmessung

Für das Gelingen eines Veränderungsprojektes ist die Erfolgsdarstellung ein zentrales Thema. Eine Veränderung gelingt dann, wenn der Erfolg für jedermann bis zum hierarchisch untersten Mitarbeiter klar ersichtlich vorliegt. Die Erfolgsfaktoren und Messgrößen dafür müssen Sie auf Basis Ihrer Ziele ableiten. Sie müssen Messgrößen schaffen bzw. definieren, anhand dessen Sie den Erfolg des Projektes bestimmen. Dabei sollten sie mindestens 2 Bereiche betrachten:

- Controlling des Change-Projekterfolges selbst -> z.b. wie werden die Planungen der Umsetzung eingehalten?

- Controlling des Produkt- und Markterfolges (Qualitätssteigerung, Erhöhung des Markanteils,...) während und nach dem Change-Projekt

Die Messung des Erfolges des Change-Projektes selbst ist deswegen wichtig, weil es sicher nicht ihr einziges Change-Projekt im Unternehmen ist bzw. sein wird. Messen Sie die Daten des Projektumsetzungsprozesses, lernen Sie für die Zukunft für weitere Projekte. Weiters ist der Umsetzungsprozess und die Einhaltung der vereinbarten Termine auch eine vertrauensbildendes Signal in Richtung der 6 Unentschlossenen. Stimmen die Planungen, haben Sie einen ersten Schritt getan, um diese Gruppe für Ihr Veränderungsvorhaben weiter zu gewinnen. („Die Wissen was Sie tun!").

6.5.3 Strategie des Veränderungsprozesses

Wie Sie die Veränderung in Ihrem Unternehmen einleiten, hat ebenfalls Auswirkungen auf den Erfolg. Allerdings kann man nicht sagen, welche Strategie die richtige ist. Vielmehr ist es so, dass abhängig vom Umfeld, den Mitarbeitern, dem Marktdruck usw. jeweils eine brauchbare Strategie gewählt werden muss. Sie müssen selbst entscheiden, welche für Sie die Richtige ist.

6 Change – Veränderungen im Unternehmen

Die folgende Tabelle gibt ein paar Hinweise, welche Möglichkeiten Sie haben. Auch Mischformen sind möglich. Es ist Ihre Entscheidung!

Strategie	Vorgehen	sinnvoll
Befehl! Gehorsam! Basta!	Der Manager ordnet an und alle haben sich an die Direktive zu halten	Gefahr im Verzug. Gefahr für Mitarbeiter
Bombenwurf	Einige wenige Experten kommen zu einer Lösung und am Tag X wird die Bombe geworfen	Bei Firmenfusionen oder Firmenverkauf kommt dies oft vor, aber auch bei Outsourcing usw.
Scheinpartizipation	Mitarbeiter werden zum Schein eingebunden, die Entscheidungen werden aber ohne Sie gefällt	Es ist meine persönliche Meinung, aber ich halte dies für unehrlich und damit als keine brauchbare und empfehlenswerte Vorgehensweise. Im Markt kommt dies aber trotzdem vor.
social marketing	Die Mitarbeiter werden als Kunden angesehen und es wird versucht ihnen die Idee zu verkaufen	Wird oft dort angewendet, wo die Mitarbeiter Einschränkungen erwartet (Arbeitszeitänderungen, Erweiterungen,..)
Projektmanagement mit selektiver Partizipation	Eine Projekt wird als Sonderorganisation gestartet und die Projektmitarbeiter sind in den Entscheidungsprozess eingebunden	Einführung von neuen Technologien, neue Produktionsverfahren
Test Cell Concept	Es wird ein einzelner Bereich im Unternehmen organisatorisch umgestellt und getestet. Ist nach einer definierten Testzeit die Umstellung positiv bewertet, werden der Reihe nach die restlichen Bereiche umgestellt.	Einführung von neuen Technologien, neue Produktionsverfahren, neue Organisationsstrukturen
Organisationsentwicklung	Betroffene werden zu Beteiligten gemacht und durch lernen und Information wird schrittweise eine Annäherung erzielt.	Einführung von neuen Technologien, neue Produktionsverfahren
Zero Based Design	Totalumbau, alles wird verworfen und die Organisation neu aufgebaut.	Unternehmen richtet sich am Markt neu aus.

Tabelle 8: Strategie der Umsetzung der Veränderung
Quelle: Universität Klagenfurt; Lehrgang akademischer Business Manager

6.5.4 Feste und eindeutige Rollendefinitionen

Nach der Projektdefinition bestimmen Sie die Rollen der Projektteilhaber im Projekt. Definieren Sie detailliert, wer welche Aufgaben zu übernehmen und bis wann fertig zu stellen hat. Überlegen Sie hier genau, wem Sie welche Aufgaben geben, auch im Hinblick auf die 2-6-2 Regel. Es kann durchaus Sinn machen Mitarbeiter aus der 6er- Gruppe hier mit einzubeziehen, aber auch nur dann, wenn diese der Aufgabe gewachsen sind. Sie müssen sich hier selbst auf Basis der Fähigkeiten und Einstellungen Ihrer Mitarbeiter entscheiden, wer als Projektteilhaber bei der Umsetzung mitwirkt.

6.5.5 Klar definierte Entscheidungsstrukturen

Entscheidungen sind immer zu treffen. Nicht alles wird detailliert so umgesetzt werden, wie sie es planen. Definieren Sie im Projekt wer, welche Entscheidungen, wann treffen darf bzw. zu treffen hat. Achten Sie darauf, dass diese Strukturen eingehaltenen werden. Dies gibt den Mitarbeitern Sicherheit in einer „unsicheren" Zeit. Die Mitarbeiter merken, dass die Entscheidungsträger „wissen was sie tun".

6.5.6 Multiplikatoren und Mentoren

Suchen Sie für Ihr Projekt Multiplikatoren und Mentoren. Also Mitarbeiter oder auch externe Partner und Spezialisten, die Ihr Projekt unterstützen und mit vorantreiben. Es geht noch immer darum die 6er-Gruppe auf Ihre Seite der Projektunterstützer zu bringen. Helfen Ihnen da Menschen, zu denen auch Ihre Mitarbeiter Vertrauen haben, so kann dass sehr hilfreich sein. Auch Zeitungsartikel, Internetlinks usw. die Ihr Change-Vorhaben untermauern, können positiv meinungsbildend wirken. Veröffentlichen Sie solche Dinge auf „öffentlichen" Plätzen im Unternehmen. Allerdings kann das auch Gefahren

6 Change – Veränderungen im Unternehmen

mit sich bringen. Achten Sie darauf, dass solche Veröffentlichungen mit den Werten und der Kultur Ihres Unternehmens vereinbar sind!

6.5.7 Arbeit über Teilprojekte

Die Strategie des Vorgehens bei Veränderung ist ein nicht unerheblicher Erfolgsfaktor. So kann es durchaus Sinn machen, ein Gesamtvorhaben in einzelne überschaubare Teilprojekte zu zerlegen, insbesondere dann, wenn Ressourcenknappheit herrscht. Die Strategie ist dahingehend von Ihnen zu entscheiden. Kleine Teilprojekte haben auch einen weiteren Vorteil. Sie können als erste Projektteile sogenannte „Quick Hits" umsetzen. Quick Hits sind kleinere Projekte oder Projektteile, die hohe Erfolgschancen haben bzw. überhaupt nicht scheitern können. Damit steigt sofort die Akzeptanz für die Veränderung und nachfolgende eher schwierigere Projektteile werden leichter angenommen. Beispielsweise könnten Sie ein Projekt „ESD-Arbeitsplätze" starten. Ein kleines Projektteam erarbeitet die Ausrüstung der ESD-Arbeitsplätze, installiert diese und betreut diese auch weiter.

6.5.8 Informationsmanagement

Die gute und perfekte Organisation der Informations- und Wissensströme sind die zentralen Prozesse in einem erfolgreichen Unternehmen und auch in einem erfolgreichen Change-Projekt.

Machen Sie sich detailliert Gedanken, welche Informationen sie wann, wem übermitteln. Ganz wichtig ist dies, wenn Sie neue Verhaltensweisen (neue Produktionsschritte..) an die Mitarbeiter schulen. Tun Sie dies rechtzeitig und vor allem, wenn manches umständlich oder hinderlich hinsichtlich der

6 Change – Veränderungen im Unternehmen

Fertigungsfolge erscheint (z.B. ESD- Schutzmaßnahmen,...) **dann liefern Sie unbedingt die Information mit, warum dies notwendig ist** !

Die Akzeptanz für Neues ist bei Mitarbeitern sofort auf null, wenn man nicht versteht, warum etwas so zu machen ist, wo es doch einfacher auch geht!

6.5.9 Feedbackkultur

Feedback muss in beiden Richtungen fließen. Einerseits müssen Sie dem Mitarbeiter rückmelden, ob seine Vorgehensweise und sein Verhalten so in Ordnung ist, bzw. wo er korrigieren muss, andererseits müssen Sie von Ihren Mitarbeitern auch deren Meinung zum Ablauf zulassen und auch bewerten. Eine funktionierende Feedbackkultur im Unternehmen aufzubauen ist kein leichtes Unterfangen und würde den Rahmen dieses Buches sprengen. Außerdem fehlt mir das detaillierte Wissen dazu. Es ist mir hier nur wichtig, dass Sie sich dieses Themas bewusst sind und es eventuell mit weiterer Literatur vertiefen.

6.5.10 Coaching

Coaching ist die zielorientierte Begleitung von Menschen, im beruflichen Umfeld, zur Förderung der Selbstreflexion und der Verbesserung der Verhaltensweisen.

Quelle: www.wikipedia.de

Coaching ist speziell dort wichtig, wo es Ängste gibt. In Change–Projekten gibt es nicht nur Gewinner und das wird auch bei der Einführung von Elektronik in Ihr Unternehmen so sein. Ganz besonders müssen Sie den Verlierern Beachtung schenken und deren Situation verstehen und eventuell zum Besseren wenden. Begleiten Sie die Mitarbeiter, die sich mit völlig neuen

6 Change – Veränderungen im Unternehmen

Themen auseinandersetzen müssen, intensiv. Helfen Sie ihnen, schulen sie sehr intensiv. Damit vermindern Sie Ängste und Sie werden bald viele Unterstützer Ihres Projektes haben.

6.6. Verlauf eines Change-Projektes

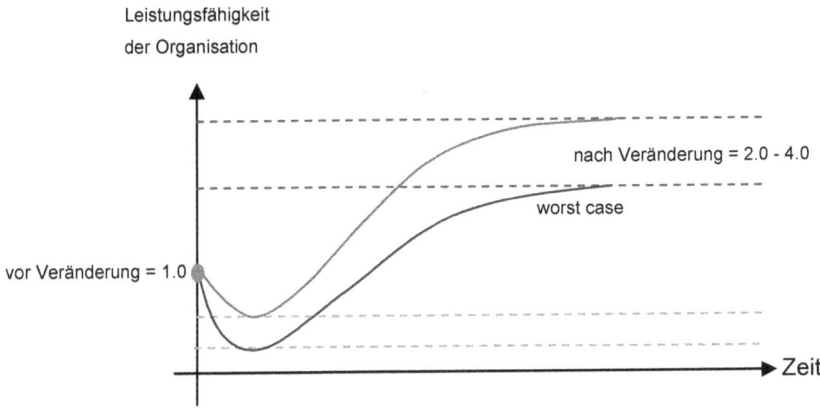

Bild 33: Verschlechterung der Leistungsfähigkeit bei Veränderungsprozessen

Change-Projekte haben nach ersten Erfolgen doch die Eigenschaft kurz danach zu einer Verschlechterung der Gesamtsituation zu führen. Erklärbar ist dies damit, dass sich die neuen Verhaltensweisen erst etablieren müssen. Die Mitarbeiter befinden sich dabei in einer Lernkurve, die die Produktivität noch bremst. Ich kann Ihnen hier nicht sagen, wie sie damit umgehen. Seien Sie sich aber der Tatsache bewusst und versuchen Sie mit Information (speziell auch zu Ihren Vorgesetzten) auf diese Problematik hinzuweisen.

6 Change – Veränderungen im Unternehmen

6.7. Hürden im Change-Prozess

Veränderungen im Unternehmen sind von der technischen Ebene gesehen oft einfach umzusetzen und auch wenig problematisch. Doch Veränderungen müssen auch in den Köpfen der Mitarbeiter verankert werden. Die Erfolgsfaktoren sind deshalb, wie schon in den vorhergehenden Kapiteln gezeigt, in den weichen Faktoren (Soft-Facts) zu suchen. In den Gefühlen, den Ängsten und Freuden Ihrer Mitarbeiter. Berücksichtigen Sie das unbedingt. Hier noch ein paar Hinweise zu Stolpersteinen in Ihrem Veränderungsprojekt.

- „Fertige Lösung" ist bereits zu Beginn des Projektes im Kopf
  Man hört nur, was man hören will
- „Reinschlampen" ins Projekt, keine klaren Grundlagen (Planung und Ziele)
- Projekt ist „geheime Kommandosache", niemand wird mit einbezogen
- Meinungsbilder im Unternehmen werden nicht gehört
- Keine oder nur „Scheinalternativen"
- verzögern, verwässern, Projektinflation, Funktionsinflation
- Umsetzung ohne Ressourcen, das führt zu halbherzigen Lösungen
- ....

Quelle: Universität Klagenfurt; Lehrgang akademischer Business Manager

Das alles kann zu Schwierigkeiten führen und die Umsetzung Ihres Veränderungsprojektes und damit die erfolgreiche Etablierung eines erfolgreichen elektronischen Umfeldes in Ihrem Unternehmen scheitern lassen oder zumindest massiv behindern. Abschließend möchte ich Ihnen noch das Eisbergmodell zeigen. Das Eisbergmodell zeigt einen Eisberg im Wasser der alle Bereiche (Kultur, Technik, Organisation,...) in Ihrem Unternehmen darstellt. Über dem Wasser sind die Themen genannt, die für

6 Change – Veränderungen im Unternehmen

Ihr Veränderungsvorhaben klar ersichtlich sind. Unter der Wasseroberfläche sind die Bereiche und Themen die nur schwer zugänglich sind und nicht sofort erkannt werden. Man braucht Verfahren und Methoden um diese Themen zu bearbeiten. Am schlimmsten, vor allem für Techniker ist es aber, dass diese Betrachtungsfelder unter Wasser eng mit den Gefühlen und Ängsten der Mitarbeiter verbunden sind. Es ist schwer dort etwas zu bewegen, aber es ist machbar.

In Change-Projekten arbeiten Sie in erster Linie „unter der Wasseroberfläche". Tauchen Sie hinein, helfen Sie Ihren Mitarbeitern Ihre Verhaltensweisen zu ändern und Ihre Ängste und Sorgen vor Neuem abzubauen. Dann wird die Einführung von Elektronik in Ihr Unternehmen und in Ihre Produkte gelingen.

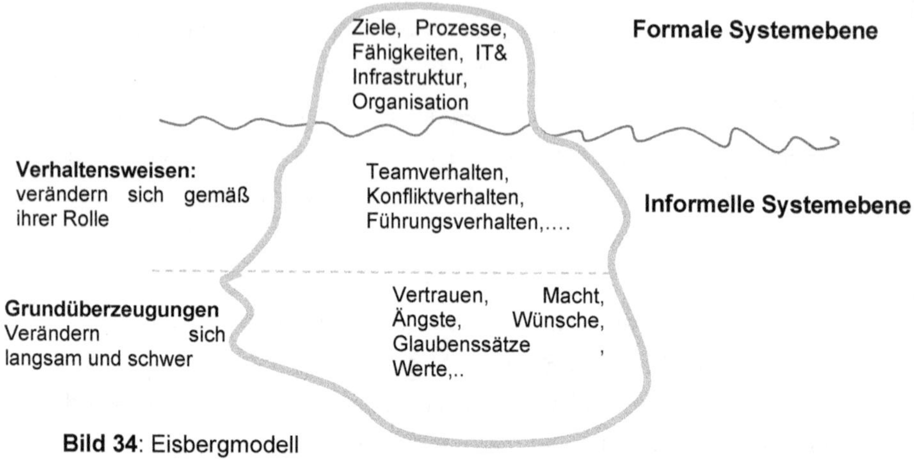

6 Change – Veränderungen im Unternehmen

Formale Systemebene

Ziele, Prozesse, Fähigkeiten, IT& Infrastruktur, Organisation

Verhaltensweisen:
verändern sich gemäß ihrer Rolle

Teamverhalten, Konfliktverhalten, Führungsverhalten,....

Informelle Systemebene

Grundüberzeugungen
Verändern sich langsam und schwer

Vertrauen, Macht, Ängste, Wünsche, Glaubenssätze, Werte,..

Bild 34: Eisbergmodell
Quelle: Universität Klagenfurt; Lehrgang akademischer Business Manager

Der Leiter eines Veränderungsprojektes ist sorgfältig auszuwählen. Nicht unbedingt derjenige, der die formale System-Ebene am besten beherrscht, ist der Richtige!

7. Abschluss

7 Abschluss

So nun sind wir fertig. Wir haben viele Bereiche betrachtet. Ich habe Ihnen gezeigt,

- **wie sie Ihre Produktidee definieren**

  Schreiben Sie die Produktvision; Formulieren Sie Ihre Idee aus

- **wie Sie die richtigen Partner für Ihr elektronisches Produkt finden**

  Bewerten Sie die Fähigkeit Ihrer möglichen Partner; Bewerten Sie das Angebot; Verhandeln Sie den Auftrag; Achten Sie bei der Auftragsvergabe auf die Sonderthemen (Datenbesitz, Urheberrecht,...).

- **wie sie ein elektronisches Produkt entwickeln**

  Schreiben Sie ein detailliertes Lastenheft; Planen Sie die Umsetzung; Unterstützen Sie den Entwickler durch Vermeidung von Projektinflation, Funktionsinflation und Bad Multitasking.

- **wie sie Ihr Produkt nach Abschluss der Entwicklung verifizieren und validieren**

  Prüfen Sie ihr fertig entwickeltes Produkt intensiv nach den Definitionen im Lastenheft. Machen Sie eine protokollierte Laborprüfung, DAU-Tests, Belastungstest. Beziehen Sie die Mitarbeiter mit ein, die in Zukunft das Produkt bearbeiten werden. Machen Sie protokollierte Feldeinsatztests.

- **wie Sie die Serienfertigung begleiten und das Produkt in den Markt einführen**

  Kennzeichnen Sie jede produzierte Baugruppe. Jede Baugruppe muss identifizierbar sein (Seriennummer). Lassen Sie die Baugruppen vor Anlieferung zu Ihnen beim Fertiger einer Endkontrolle unterziehen. Etablieren Sie eine brauchbare Wareneingangskontrolle. Erfassen Sie die Produktionsausfälle bei Ihnen und die Feldrückläufer und liefern Sie diese Informationen an Ihre Fertiger und Entwickler.

7 Abschluss

- **wie Sie ein elektroniktaugliches Umfeld in Ihrem Unternehmen aufbauen**
Schulen Sie Ihre Mitarbeiter zum Thema Elektronik. Lehren Sie Ihnen den Umgang mit elektronischen Baugruppen. Schaffen Sie ein ESD-gesichertes Umfeld, sowohl in der Produktion, im Lager, als auch auf den Transportwegen bis hin zu den Servicebereichen. Achten Sie auf die Gefahren des elektrischen Stromes.

- **wie der Elektronik-Bauteile Markt tickt**
Achten Sie auf die Eigenheiten des Marktes und adaptieren Sie Ihr Logistiksystem, um immer lieferfähig zu bleiben.

- **wie Sie die Veränderungen in Ihrem Unternehmen managen müssen**
Managen Sie die Veränderung, damit Sie mit Elektronik erfolgreich werden. Denn eines ist sicher:

Was bleibt ist die Veränderung und was sich verändert bleibt!

In diesem Sinne haben Sie viel zu tun, um Ihr Produkt mit Elektronik auszustatten. Elektronik eröffnet Ihnen aber neue Horizonte. Sie werden neue Produktideen haben und Sie werden vielleicht völlig neue Märkte erobern.

Gehen Sie strukturiert und konsequent vor, dann kommt der Erfolg von alleine!

8 Begriffe und Abkürzungen

8. Begriffe und Abkürzungen

8 Begriffe und Abkürzungen

AOI

Automatische Optische Inspection. Ein automatisiertes Verifizierungsverfahren bei der Fertigung von elektronischen Baugruppen, bei dem mittels Kamerasystemen Bestückungen und Lötstellen automatisch kontrolliert werden.

Allocation

Bedeutet „Zuweisung, Verteilung"; Status der Lieferbarkeit eines Bauelementes. Die Bauelemente sind am freien Markt nicht mehr verfügbar, sondern werden von den Herstellern den Kunden zugewiesen. Lange Lieferzeiten sind die Folge, bzw. erhält man die Ware überhaupt nicht!

AQL (Acceptable Quality Level (dt. annehmbare Qualitätslage))

ein Zahlenwert, der - sofern zwischen Kunden und Lieferanten vereinbart - angibt, wie hoch der Ausschussanteil einer Stichprobe aus einer Lieferung maximal sein darf, bevor die Lieferung abgelehnt wird, und üblicherweise dem Lieferanten zur Überarbeitung retourniert wird.

Assemblierung (= Endfertigung)

Ist die Endfertigung eines Produktes. Es beschreibt den Zusammenbau von Produkteinzelteilen zu einem fertigen Produkt. Beispielsweise den Zusammenbau einer Kaffemaschine. Brühgruppe, Boiler, Mahlwerk und natürlich die elektronischen Baugruppen werden in ein Gehäuse eingebaut. Danach ist das Produkt fertig zur Verwendung.

Ausfallquote

Verhältnis der ausgefallenen Baugruppen zu Gesamtzahl der produzierten bzw. gelieferten Baugruppen. Die Quote beschreibt somit den relativen Anteil

8 Begriffe und Abkürzungen

der elektronischen Baugruppen, die die Vorgaben eines Verifizierungsschrittes nicht bestehen.

BurnIn

Ein Verifizierungsverfahren bei der Produktion von elektronischen Baugruppen. Die Prüflinge werden dabei Stressbedingungen ausgesetzt, um diejenigen zu finden, die nach kurzer Betriebszeit im Feld ausfallen würden.

CE

Die CE-Kennzeichnung (Conformité Européenne, so viel wie „Übereinstimmung mit EU-Richtlinien") ist eine Kennzeichnung nach EU-Recht für bestimmte Produkte in Zusammenhang mit der Produktsicherheit. Durch die Anbringung der CE-Kennzeichnung bestätigt der Hersteller, dass das Produkt den geltenden europäischen Richtlinien entspricht. Eine CE-Kennzeichnung lässt keine Rückschlüsse zu, ob das Produkt durch unabhängige Stellen auf die Einhaltung der Richtlinien überprüft wurde.

Change

Veränderung. In diesem Buch in Zusammenhang mit Veränderungsprojekten und Prozessen im Unternehmenskontext gebraucht. Change bedeutet soviel wie Change Management, was wiederum das Umsetzen einer geplanten und strukturierten Organisationsänderung in einem Unternehmen entspricht.

CSA

Die 1919 in Kanada gegründete Canadian Standards Association (CSA) ist eine kanadische, nicht dem Staat unterworfene Organisation, die Produktnormen und Standards setzt, sowie Produkte auf ihre Sicherheit und

8 Begriffe und Abkürzungen

Konformität überprüft und zertifiziert. Die CSA vergibt ein eigenes Prüfzeichen, das insbesondere für den Marktzugang in den Nordamerikanischen Volkswirtschaften (USA und in Kanada) von Bedeutung ist.

Datecode

Produktionsdatum eines elektronischen Bauelements oder einer Baugruppe; üblicherweise wird die Kalenderwoche und das Jahr angegeben

Elektromagnetische Verträglichkeit (EMV)

kennzeichnet den üblicherweise erwünschten Zustand, dass technische Geräte einander nicht wechselseitig mittels ungewollter elektrischer oder elektromagnetischer Effekte störend beeinflussen. Sie behandelt technische und rechtliche Fragen der ungewollten wechselseitigen Beeinflussung in der Elektrotechnik.

Elektronik

ist ein Teilbereich der Elektrotechnik und bezeichnet die Entwicklung und Anwendung von elektronischen Bauelementen. In diesem Report, wird der Begriff auch als Abkürzung für „"elektronisches System" verwendet

elektronische Bauelemente oder Bauteile

Elektronische Bauelemente definieren zusammen mit der Leiterplatte die eigentliche Funktion eines elektronischen Systems. Bauelemente oder Bauteile werden üblicherweise auf die Leiterplatte „bestückt". Das heißt, dass die Bauteile mit Bestückautomaten oder auch per Hand auf die Leiterplatte platziert und dann über Lötprozesse getragen, dauerhaft mit der Leiterplatte

8 Begriffe und Abkürzungen

verbunden werden. Bauelemente sind beispielsweise Transistoren, Widerstände, Kondensatoren, Prozessoren, IC, Steckverbinder,....

elektronische Baugruppe
Als elektronische Baugruppe bezeichnet man die fertig bestückte elektronische Einheit. Das heißt die elektronischen Bauelemente sind auf die Leiterplatte bestückt und verlötet. Viele Baugruppen sind auch noch Träger von Software. Die Software wird dabei mittels eines Programmiervorganges in die Speicherbausteine der Baugruppe eingespielt. Das elektronische Baugruppen generell Software beinhalten ist nicht zwingend.

elektronisches System
Ein Produkt oder eine Verbund von Produkten basierend auf elektronischen Hardware- und Softwarekomponenten

Entwickler
Ist der „Konstrukteur" des elektronischen Produktes. Der Entwickler erarbeitet aus Ihrer Idee, aus Ihren Vorgaben das elektronische Produkt. Er entwickelt es.

ESD (electro static discharge)
Elektrostatische Entladung (engl. electrostatic discharge, kurz ESD) ist ein durch große Potenzialdifferenz in einem elektrisch isolierenden Material entstehender Funke oder Durchschlag, der einen sehr kurzen hohen elektrischen Stromimpuls verursacht.

8 Begriffe und Abkürzungen

Feld, Feldgeräte

Feld bedeutet in der Elektronik: Betrieb außerhalb der Laborumgebungen. Betrieb des Gerätes im vorgesehen Bereich also in der Zielumgebung direkt bei den Endkunden.

(Elektronik-) Fertiger

Der Fertiger produziert das vom Entwickler erarbeitete elektronische Produkt. Er vervielfältigt es in einer Serienproduktion. Der Fertiger beherrscht die Prozesse der Serienproduktion, muss aber absolut kein Wissen über den funktionalen Umfang des Produktes haben.

Gutquote Relativer Anteil der für Gut befundenen Systeme (Produkte) nach durchgeführten Tests im Bezug zur Gesamtmenge der getesteten Systeme.

Hardware

ist der Oberbegriff für die mechanische und elektronische Ausrüstung eines Systems. Also der materielle Teil eines elektronischen Systems.

In Circuit Test (IC-Test)

Ein Verifizierungsverfahren bei der Produktion von elektronischen Baugruppen. Die Prüflinge werden dabei mittels Nadeladapter kontaktiert und die Leitungsverbindungen, die Lötverbindungen und teilweise auch die Bauteilfunktionen geprüft.

Konformität

Der Begriff bezeichnet die Übereinstimmung einer Person oder manchmal auch einer Sache mit den Normen eines Kontextes. Das kann ein gesellschaftlicher, ein inhaltlicher oder ein ethischer Kontext sein. In der

8 Begriffe und Abkürzungen

Technik bezieht sich der Begriff auf die Übereinstimmung mit einer Norm oder Richtlinie.

Konformitätserklärung

ist eine schriftliche Bestätigung am Ende einer Konformitätsbewertung, mit der der Verantwortliche (z. B. Hersteller, Händler) für ein Produkt, die Erbringung einer Dienstleistung oder eine Organisation (z. B. Prüflabor, Betreiber eines Qualitätsmanagementsystems) verbindlich erklärt und bestätigt, dass das Objekt (Produkt, Dienstleistung, Stelle, QMS) die auf der Erklärung spezifizierten Eigenschaften aufweist. Die Spezifizierung der Eigenschaften erfolgt in der Regel durch die Angabe von Normen, die das Objekt einhält.

Lastenheft

Ein Lastenheft ist die Beschreibung des Leistungsumfanges eines technischen Produktes. Es definiert, welche Funktionen ein elektronisches Produkt können muss und was es nicht kann. Das Lastenheft ist die Basis jeder Produktentwicklung und hat damit im Umsetzungsprozess hohen Stellenwert. Das Lastenheft wird vom Auftraggeber erstellt.

Last time buy

Datum (Kalendertag) an dem eine aufgekündigtes Bauteil (Produktion wird eingestellt) ein letztes Mal bestellt werden kann.

Last time shipment

Datum (Kalendertag) an dem ein aufgekündigtes Bauteil (Produktion wird eingestellt) ein letztes Mal vom Hersteller ausgeliefert wird.

8 Begriffe und Abkürzungen

Leiterplatte

Eine Leiterplatte (Leiterkarte, Platine oder gedruckte Schaltung, engl. printed circuit board, PCB) ist ein Träger für elektronische Bauteile. Sie dient der mechanischen Befestigung und elektrischen Verbindung. Nahezu jedes elektronische Gerät enthält eine oder mehrere Leiterplatten.

NDA

non disclosure agreement

Geheimhaltungsvereinbarung; ein Vertrag der Auftraggeber und Auftragnehmer zur Verschwiegenheit über die Geschäftsbeziehung und deren Inhalte verpflichtet.

OEM (original equipment manufacturer)

Erstausrüster, ist ein Hersteller von fertigen Komponenten und Produkten, der diese in seinem Unternehmen (Fabriken) produziert, sie aber nicht selbst in den Handel bringt.

optische Inspektion

Sichtprüfung der fertig produzierten elektronischen Baugruppe. Diese Sichtprüfung erfolgt meist mit Hilfsmitteln wie Lupe oder Mikroskop.

PCB (printed curcuit board)

Siehe Leiterplatte

Pflichtenheft

Erstellt der Auftragnehmer aus den Vorgaben des Lastenheftes der Auftraggebers. Es ist einfach betrachtet eine Erweiterung des Lastenheftes um die eigenen Pflichten zur Produktrealisierung. Das Pflichtenheft gehört

8 Begriffe und Abkürzungen

dem Auftragnehmer und ist nicht als Vertragsbestandteil im Zuge einer Projektbeauftragung bzw. Produktentwicklung zu sehen.

Programmiersprache
Eine Programmiersprache ist eine Notation für Computerprogramme. Sie stellt ein Programm während seiner Entwicklung dar und übermittelt es zur Ausführung an das Rechensystem. Da nur die Maschinensprache vom Rechner unmittelbar ausführbar ist, müssen Programme, die in anderen Programmiersprachen geschrieben sind, in eine äquivalente Folge von Maschinenbefehlen übersetzt werden.

Projekt
Ein Projekt ist ein einmaliger Prozess, der aus einem Satz von abgestimmten, gelenkten Tätigkeiten mit Anfangs- und Endtermin besteht und durchgeführt wird, um unter Berücksichtigung von Zwängen bezüglich Zeit, Kosten und Ressourcen ein Ziel zu erreichen.

Quick Hits
Schnelle Erfolge im Projekten. Besonders bei Veränderungsprojekten (Change) sind solche Quick Hits von immenser Bedeutung, da Sie die Unterstützung der betroffenen Mitarbeiter fördern und somit Veränderungen mehr Platz geben und sich leichter durchführen lassen.

Software
ist der Sammelbegriff für die Gesamtheit ausführbarer Datenverarbeitungsprogramme und die zugehörigen Daten. Ihre Aufgabe ist es die Arbeitsweise von softwaregesteuerten Geräten (die einen Teil der Hardware bilden) zu beeinflussen. Beispiel: Computerprogramme

8 Begriffe und Abkürzungen

Source Codes

Als Source Code bezeichnet man die Quelldaten eines Softwareprogrammes. Diese Quelldaten sind notwendig um ein Softwareprogramm zu warten (Fehler beheben, verändern, erweitern, minimieren,...). Aus den Source-Codes wird dann ein für den Computer verarbeitbares Softwareprogramm erstellt.

Testabdeckung

Als Testabdeckung bezeichnet man das Verhältnis an tatsächlich getroffenen Aussagen eines Tests gegenüber den theoretisch möglich treffbaren Aussagen bzw. der Menge der gewünschten Aussagen. Die Testabdeckung spielt als Metrik zur Qualitätssicherung und zur Steigerung der Qualität insbesondere im Maschinenbau, der Elektronikindustrie und der Softwaretechnik eine große Rolle.

In der Praxis wird die Testabdeckung durch verschiedene Kriterien beeinflusst. Die Testabdeckung lässt sich durch eine Erhöhung der Zahl an Messungen, Stichproben und Testfällen verbessern. Begrenzt wird die Testabdeckung in der Praxis jedoch durch die Kosten, die mit jedem Test verbunden sind.

Traceabiltiy

Rückverfolgbarkeit; bezeichnet eine Methode der Kennzeichnung und Datengewinnung von elektronischen Bauelementen, Baugruppen und Systemen um deren Geschichte jederzeit nachvollziehen zu können.

8 Begriffe und Abkürzungen

Umwelt

Umwelt sind alle zu erwartenden Einflüsse aus der vorgesehenen Betriebsumgebung, die auf ein elektronisches System wirken. Dazu gehören zB, Temperatur, mechanische Belastungen (Vibration, Schock), Feuchte, Nässe, chemische Einflüsse, Luftdruck,.....).

UL

Die Underwriters Laboratories (UL) sind eine 1894 in den USA gegründete Organisation zur Überprüfung und Zertifizierung von Produkten und ihrer Sicherheit (Vergleichbar mit dem VDE, TÜV, u. ä.). Verschiedene Zeichen mit UL oder von rechts nach links kursiv geschriebenem "UR" findet sich auf vielen Produkten und deren Bauteilen speziell im Bereich Elektrotechnik. Das Hauptquartier des Unternehmens befindet sich in Northbrook, Illinois.

Eine UL-Zertifizierung ist häufig für einen Marktzugang in den USA gefordert. UL-Zertifizierungen werden produktbezogen vergeben und in regelmäßigen Abständen von den UL überprüft. Geprüft wird nicht nur das Endprodukt, sondern auch die Fertigung des Produktes.

9 Literaturliste

9. LITERATURLISTE

9 Literaturliste

FED Fachverband für electronic Design
Deutsche Übersetzung IPC A610 D
www.fed.de

Prozessorientiertes Product Licfecycle Management
August- Wilhelm Scheer, Manfred Boczanski, Michael Muth, Willi-Gerd Schmitz, Uwe Segelbacher;
Springer Berlin ISBN 3-540-28402-8

Schneller als der Kunde
Edgar K Geffroy
Econ Verlab ISBN 978-3-430-20034-9

Die kritische Kette
von Eliyahu M. Goldratt und Petra Pyka
Campus Sachbuch

Praxishandbuch Produktmanagement
Erwin Matys
Campus Verlag
ISBN 978-3-593-38709-3

Value driven intellectual capital
Patrick H. Sullivan
Wiley/Artur Anderson

9 Literaturliste

Wissensmanagement

Wendi R. Bukowitz, Ruth L Williams

Financial Times Deutschland ISBN 3-8272-7074-X

PA consulting Group

Studie in Kooperation mit GPM Deutsche

Gesellschaft für Projektmanagement e.V.

http://www.iop.unibe.ch/UserFiles/File/Lehre/OG/teil-2_zusatzinfo_2.pdf

Rulebreaker - Wie Menschen denken, deren Ideen die Welt verändern

Sven Gabor Janszky, Stefan A Jenzowsky

Goldegg Verlag GmbH, Wien

ISBN 978- 3-902729-09-5

Rework- Business intelligent & einfach

Jason Fried; David Heinemeier Hansson

Riemann Verlag

ISBN 978-3-570-50125-2

Lehrveranstaltung UNI Klagenfurt – Wifi Linz

Veränderungsmanagement

Ao.Univ.Prof.Dr. Robert Neumann

Ing. Günther Mooshammer

Akademischer Businessmanager

Wifi Oberösterreich 2002

Notizen

www.ingramcontent.com/pod-product-compliance
Lightning Source LLC
Chambersburg PA
CBHW050205230526
45470CB00001B/241